猫咪
在想什么？

# DK猫咪心思大揭秘

喵星人情绪、行为档案大公开
铲屎官养猫、吸猫攻略全解析

乔·刘易斯 著

Original Title: What's My Cat Thinking?:
Understand Your Cat to Give Them a Happy Life
Copyright © Dorling Kindersley Limited, 2021
A Penguin Random House Company

本书由英国多林金德斯利有限公司授权
上海文化出版社独家出版发行

**图书在版编目（CIP）数据**

DK猫咪心思大揭秘 / (英) 乔·刘易斯著；(英) 马克·舍伊布迈尔绘；施红梅，刘玉琪译. -- 上海：上海文化出版社，2024.8. -- ISBN 978-7-5535-3032-1

Ⅰ. B843.2

中国国家版本馆CIP数据核字第202493EF83号

图字：09-2023-1136号

出 版 人：姜逸青
责任编辑：赵　静　王茗斐
装帧设计：华　婵

封面卡通猫由小黑猫简笔画设计

书　　名：DK猫咪心思大揭秘
作　　者：[英] 乔·刘易斯 著　[英] 马克·舍伊布迈尔 绘
译　　者：施红梅　刘玉琪
出　　版：上海世纪出版集团 上海文化出版社
地　　址：上海市闵行区号景路159弄A座3楼　201101
发　　行：上海文艺出版社发行中心 www.ewen.co
　　　　　上海市闵行区号景路159弄A座2楼
印　　刷：佛山市南海兴发印务实业有限公司
开　　本：789×930　1/16
印　　张：12
印　　次：2024年10月第一版 2024年10月第一次印刷
书　　号：ISBN 978-7-5535-3032-1/S.018
定　　价：98.00元

敬告读者 本书如有质量问题请联系印刷厂质量科
电　　话 0757-85751258

www.dk.com

# 目录
# Contents

# 前 言

　　我是个爱猫成痴的女子，但并不以此为耻。看吧，我多么坦诚！我出生在一个爱猫的家庭，目前已有几十年的猫科兽医经验。我一生喜欢猫咪，一直在研究它们。猫咪在就医时经常受到不公平对待，这激励我成立了"猫专科"诊所（The Cat Vet）和英国第一家提供上门服务的猫咪兽医诊所。我每天都能观察到猫咪的心理和身体健康之间的密切联系，这或许就是我至今仍然对它们的大脑痴迷不已的原因。

　　猫是美丽而复杂的生物，它们是我们深情的伙伴，但又总是让我们感受到它们身上存留的野性。这是猫咪让人们着迷的原因，也是有时难以融入我们现代家庭和生活方式的缘由。猫咪不会像我们人类一样表达自己的想法和情绪，它们会本能地隐藏健康状况不佳的迹象，正因如此，它们无法言说的疾患很容易被人们忽视。

　　互联网让我们看到人类对猫咪依然怀有浓厚的兴趣——然而，每年仍有数百万只猫咪因为达不到人类的期望而惨遭遗弃。说实话，我们都会跟自家猫咪聊天说话，但我们需要更多地"倾听"它们的话语，了解它们的需求。我坚信，这是人类了解猫咪、改善猫咪的健康状况以及提升猫咪幸福感的关键。

　　通过在猫咪熟悉的栖居地对其进行观察和治疗，我得以对猫咪的行为有了一些不一样的见解，我很乐意借此机会分享我所学到的相关科学知识。我将观察和学习的结果写进此书，对猫咪那些让人觉得有趣、困惑、沮丧或担忧的常见行为进行了解读（或许本就如此！）。

　　衷心希望你会乐于将在本书中新发现的"观猫"技能付诸实践，开始以不同的视角看待猫咪，能够对猫咪有更深入的了解。如果我们都能静下心来思考"我的猫咪在想什么？"那么，在未来，猫咪无疑会有更多机会得到应有的尊重和同情。

# 像猫咪
## 一样思考

要想知道猫咪在想什么，
就要了解猫咪的视角、
动机和细微的沟通方式。
要知道，这些都是由猫咪的
原始本能、遗传基因和后天习得行为
共同形成的复杂特性所决定的。

# 埋藏在心底的野性

如今陪伴在我们身边的猫咪具有与其祖先——野猫——几乎完全一样的基因。它们会披着时尚的皮毛外衣在客厅里昂首阔步，但其实内心仍然野性十足。因此，要想深入了解猫咪的所思所想、行为方式，就需要以"野猫的视角"来观察它们的世界。

阅读完此书后，你会了解猫咪某些行为背后隐藏的本能和动机。作为一名猫科医生，时常会有猫咪饲主前来向我咨询猫咪一些行为的原因。你会发现，宠物猫继承了野猫的诸多特性，例如喜爱独处、领地意识很强。人们对猫咪的这些特性有所误解，以为它们强健、凶猛，但事实并非如此：所有的猫咪都很脆弱，超级敏感，因为它们本身就是自然界中大型食肉动物的猎物（见第14—15页），而且它们远远没有我们想象中那么沉着冷静（见第122—123页）。如今的宠物猫仍然有着和野猫一样的欲望和需求。意识到这一点，有助于我们更好地理解猫咪的所思所想，也只有这样，我们才有希望与猫咪长期共处，让它们健康快乐。

## 领地意识

野猫占有的弹丸之地及其上所包含的一切是它们生存的保障。领地是野猫的整个世界，它们可以随时为之赴汤蹈火。尽管宠物猫比它们的祖先野猫更温顺，也更善于社交，然而，它们是否愿意分享领地取决于个体情况、你所提供的空间大小，以及资源的数量多少、类型和位置。你提供的空间越小，或者饲养的猫咪数量越多，它们和平共处的概率就越低，也会有更多的压力。

## 独行侠

宠物猫的祖先野猫自由随性，无拘无束，天生就会主宰自己的命运。宠物猫也一样，非常看重生活中的控制权、选择权和规律性，总是在分享或妥协中挣扎。它们的生活方式很固定，对它们而言，最幸福的事莫过于可以选择心仪的居所，为所欲为。

## 猎人与猎物

无论是惬意地躺在沙发上还是身处热带草原之中，猫咪每时每刻都会用眼睛、耳朵和胡须探测周围的猎物和敌人。任何风吹草动都会触发它们逃跑的本能。它们时而趴低，时而栖高，辨别有关"威胁"的信息。出于独立生存的需要，它们总是不停地一边往后看，一边嗅探，以及时找寻变化的迹象。

## 机敏的大脑，灵活的身姿

为了能够吃到足够的啮齿动物以维持生存，野猫必须保持好奇、专注、健康和毅力。宠物猫同样如此，它们在探险、觅食和解决问题方面自有一套本领。绝大多数猫咪还是天生的杂技演员和精力充沛的攀登者——向内弯曲的爪子表明它们至今还掌握着优雅的下降技巧！

## 要让猫咪感觉自在

仅仅在家里给猫咪提供一个庇护所是不够的，我们还得在这个"庇护所"里给予猫咪足够的空间，提供重要的资源，让它们保持活跃、快乐和健康（见第46—47页）。要确保它们不会感到无聊或受到威胁，避免由于压力而生病。猫咪的内心波动只有在压力累积到极限时，才会表现出来（见第30—31页）。也正因如此，有些猫咪一旦发现有更适合其天性释放的居所，就会离家出走。

**非洲野猫**

从基因上讲，宠物猫与其祖先野猫并没有太大的差别。野猫的自然驱动力和本能是许多猫科动物行为特征的基础。

# 猫咪如何交流

猫咪总是以各种方式向我们和其他猫科动物传达它们的需求、欲望以及感受，我们的职责就是要找到解读这些内容的方法。你只需具备敏锐的观察力，愿意学习解读猫咪的肢体语言和声音，并理解猫咪迷人的气味即可。

## 身体语言

分析猫咪的休息方式、尾巴的作用，以及眼睛、耳朵和胡须的状态，有助于你正确解读它们的情绪。猫咪身体的每个部位都会传递出具体信息，假如你能识别出这些单独信号的含义，并能将其拼凑在一起进行解读，就可以快速了解爱猫在那一刻想要传达给你的信息。我们不妨从研究猫咪身体的不同部位开始，监测它们在不同场景下的变化情况，始终关注猫咪的整体状态及其所处的环境。假如你对观察到的奇怪信号组合迷惑不解，说明你的爱猫可能也处于困惑、不确定或多种情绪叠加的状态之中。

**不要妄下断语**
这种典型的问候式的肢体语言，很容易被理解成猫咪在向你索要食物。假如你在厨房时猫咪正好做了这个动作，它可能只是在寻求关注或提出尚未得到满足的需求。

# 用姿势交流

## 身体

猫咪的体态是放松的还是紧张的？是高高地弓起背部，还是侧着身以显得身形更大？是肚皮贴地蹲伏着，还是把头缩到身体里？猫爪是着地的状态，还是放松地向上举着？脆弱部位（比如肚子）是隐藏起来了还是露在外面？猫毛有没有竖起来，皮肤是不是在抽搐，或是因为紧张而呈现出波纹状？记住，不要急于下结论——猫咪被抚摸时身体保持一动不动，也许是因为感到满足而放松，也可能是因为受到惊吓而僵在原地、想要躲起来（见第122—123页）。

## 耳朵

假如猫咪的耳朵竖直、朝前，表明它此时处于放松状态但同时保持着警觉，或是想要恐吓另一只猫咪；如果朝向一侧呈现出扁平的"飞机"形，表明它感到害怕，急于后撤；如果向后旋转呈现出"蝙蝠侠"形，说明它正感到烦躁或愤怒（见第102—103页）。要是猫咪的耳朵在"飞机"形和"蝙蝠侠"形之间不断转换，或是朝后拉得远远的，似乎"失踪"了似的，表明它此刻情绪复杂。如果有一只耳朵在不停转动，可能正在处理两个声源——无论声源来自何方，左耳转动都表明这是一个负面的声音。要是猫咪的耳朵在抽搐或是快速抖动，说明它可能感到焦虑、不安或瘙痒。

## 眼睛

猫咪的眼睛呈"凌厉"而专注的圆形，还是"温柔"且放松的杏仁形？它们是在用眼神交流（自信或挑战）还是转移视线（避免正面冲突）？通常猫咪感到害怕时更喜欢往左看，放松时喜欢向右看。肾上腺素会使猫咪的瞳孔放大，眨眼频率增加；而当猫咪放松时（或在强光下），瞳孔会收缩；缓慢地眨眼表示满足；完全闭上眼睛说明猫咪睡着了，但也可能是对感官过度刺激、焦虑或疼痛的反应。

## 胡须

这些超级敏感的"触角"分布在脸颊、口鼻、眼睛上方和前腿后侧，在猫咪行动和狩猎时用以探测气流和猎物的移动。它们也会随着猫咪的心情变化而改变位置。猫咪平静时，胡须朝向侧面且稍微呈扇形；感到恐惧或沮丧时，胡须会变得紧凑而扁平，紧贴着脸颊。向前探开的胡须呈弯曲状或扇形时，表示猫咪感到好奇；呈笔直状时，则表示猫咪感到痛苦。

## 尾巴

猫咪的尾巴不仅用于保持身体的平衡，而且能揭示猫咪的情绪（见第27页）。

# 气味

猫咪的超能力体现在其惊人的嗅觉上。它们鼻腔里的嗅觉感受器比人类多了40倍，而且大脑中与嗅觉有关的区域面积也比人类大得多。猫咪的大脑能识别数千种气味，在辨别气味方面甚至比狗狗还要强——当然也没什么好闻的。猫咪的标志性气味组合是它们的身份证，透露了其性别、年龄、家庭关系、生殖状况、健康情况、情绪等方面的信息。身体的排泄物揭示了它们吃过的东西、最后一次出现在这个地方的时间，以及去往的方向。

## 探测信息素

猫咪抬起头，张开嘴做"鬼脸"——这就是"裂唇嗅反应"，并通过切牙乳头将气味颗粒吸入犁鼻器。犁鼻器向大脑中的嗅球发送信号，刺激杏仁核和下丘脑，以激活情绪和行为反应。

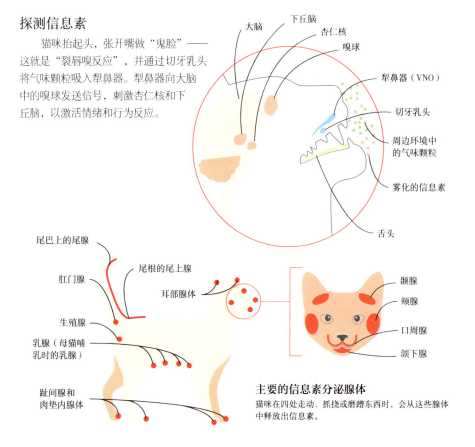

大脑　下丘脑　杏仁核　嗅球　犁鼻器（VNO）　切牙乳头　周边环境中的气味颗粒　雾化的信息素　舌头

尾巴上的尾腺　尾根的尾上腺　耳部腺体　肛门腺　生殖腺　乳腺（母猫哺乳时的乳腺）　趾间腺和肉垫内腺体　颞腺　颊腺　口周腺　颌下腺

**主要的信息素分泌腺体**
猫咪在四处走动、抓挠或磨蹭东西时，会从这些腺体中释放出信息素。

气味是在广阔领地上独自生活的野猫的生命线，帮助它监测周围环境——从新出现的老鼠的踪迹到捕食者的便便。挥之不去的猫科动物的气味让猫咪能够用化学方法勘察它们的空间。通过释放气味向其他猫咪传递"信息"，避免与对手发生冲突，找到合适的伴侣。

## 信息素

猫咪有一个更特别的感官途径来处理社交信息，即信息素——物种特有的气味。信息素从分布在全身的气味腺中释放出来（见前页图示），就像一个加密的猫咪代码，可以发出情绪和意图的信号，并引发其他猫咪的行为反应。

猫咪放松时会磨蹭自己的身体、其他猫咪或信任的人类，释放出表达"友好"的面部信息素。对未绝育的猫咪来说，做出摩擦、翻滚和撒尿的行为，可能是想吸引异性，而对已经绝育的猫咪来说，撒尿则表示焦虑或疾病（见第120—121页）。猫咪磨爪子会留下信息素和可见的划痕，以此确认它们的存在（见第134—135页）。猫咪感到害怕时，爪子和肛门腺会释放"警报"信息素，而母猫会通过释放安抚的信息素来与小猫建立联系。

### 如何进行脸部按摩

从猫咪身上收集到的标志性气味和"友好"信息素，能帮助猫咪在新的或令其恐惧的环境中感到亲切和安心。通过摩擦留下气味可以用来把新猫和小猫带回家（见第20—21页），以及把新猫介绍给家中已有的宠物（见第112—113页）。
• 使用一块干净的织物，如棉质薄袜、手套或法兰绒布。首先，用（最好是无香味的）生物洗涤剂进行洗涤，冲洗两次，然后晾干。
• 在抚摸猫咪的过程中，将织物放在猫咪的面部气味腺（或哺乳期母猫的乳腺）周围轻轻地摩擦。数天内多次重复这一步骤，以积累气味颗粒——将织物放在一个可重复密封的塑料袋中"浸润"。在此过程中，要注意观察猫咪是否有快乐的身体语言（见第82—83页），确保织物上收集到的是积极的激素气味，而不是"警报"型信息素。假如你的爱猫看起来焦虑不安或情绪不佳，就不要勉强做事——猫咪经常睡的毯子是仅次于气味标记的选择。
• 把猫咪带入新家之前，用带有猫咪气味的织物擦拭目标物品（如猫篓、新的猫床、新沙发或新房子的门框）。选择的高度/位置要模拟会让猫咪自然翻滚、磨蹭或休息的地方。

# 声音

猫咪拥有一个庞大的声音宝库，它们会在不同的环境下使用不同的声音表达情绪。这种变化幅度很大的发声方式对于处理与其他猫咪或捕食者的冲突至关重要，同时在繁殖方面以及母猫与小猫的交流中起着不可或缺的作用。

在过去，那些更善于捕捉人类暗示并让人类理解自己需求的野猫祖先，无疑会获得小零食作为奖励。如今，宠物猫的日常生存取决于我们这些两条腿"巨人"的爱心，所以，它们只有尽力表达自己，才不会被人忽视。

## 你的爱猫到底在说什么？

猫咪会以不同方式发出声音：通过友好的问候宣布它们的存在，提出请求，寻求关注，发出责备或警报。不妨思考以下几个关键问题，这将帮助你理解猫咪想说的话。

## 周边信息

观察猫咪的肢体语言，看看它想告诉你什么（见第12—13页）。在猫咪发出声音前后，周围发生了什么？是否透露了它所期待的结果呢？

## 音调

- 高音——吸引注意力的声音，猫咪在产生冲突时发出尖叫，提出请求时发出喵喵声以及"恳请的咕噜声"
- 低音——响亮的、恐吓对手的警告声

**猫科动物的咒骂语**

张大嘴巴、固定嘴型发出的声音是"滚开！"的意思，或者释放出猫咪处于"暴躁"状态的风险信号（见第102—103页）。

或咆哮声，以及亲密的、近距离的咕噜声

## 嘴巴

- 闭上嘴巴——发出咕噜或唧唧声

- 嘴巴固定张开——发出更具威胁性的声音，如哈气、怒吼或尖叫声
- 张大嘴，然后逐渐闭合——发出喵呜、尖叫声或号叫声
- 嘴巴交替着张开与闭合——发出啁啾声

## 猫科动物的发声类型

### 问候和请求

**咕噜声**——猫咪在放松时礼貌地请求得到更多关爱，或在感到害怕、不适、疼痛、分娩或濒死时寻求安抚。咕噜声也有潜在的自我慰藉和帮助身体组织愈合的作用。有些猫咪还会发出一种高亢的喊声，以引发我们的"哺育本能"，与人类婴儿哭声的作用相同。

**喵呜声**——一种问候语，用于请求人类的帮助、索要食物、寻求关爱或其他它们渴望的东西。这种叫声想要传递的信息包括欢快的问候、温和的提醒、临界范围的骚扰或"最终需求"——比如小猫咪会大声地发出"喵"的声音，意思是"现在喂我吃的吧！"夸张的喵呜声是在宣告"狩猎"成功了（见第100—101页）。"无声"的喵喵声频率很高，人耳无法察觉。

**号叫声**（或哀鸣声）——一种更强烈的、持续不断的喵喵声。当猫咪被困、迷路、感到恶心或困惑时，会发出这种呼救（见第180—181页）。猫咪在驱逐威胁时也会发出这个声音。

**唧唧声**（或啾啾声）——这种声音柔和、短促，卷舌发出"R"或"prrp"音，音调上扬。这种声音用于定位和问候其他猫咪、猫妈妈寻找猫宝宝、向熟悉的人类打招呼，或要求得到一些想要的东西。

**啁啾声**（啾啾声、吱吱声）——当渴望得到无法得到的猎物时，猫咪就会发出这种克制的兴奋和沮丧交织在一起的声音（见第68—69页）。

**尖叫声**——雌性猫咪在交配时发出拖长的叫声，听起来好像很痛苦。而雄性猫咪交配时发出的是一种独特的"喵嗷"声。

### 表示排斥的表达

**哈气**——张大嘴巴用力吐气发出的声音，以阻止威胁靠近，或在不经意间被抓住时的叫声。

**吐**——突然"啪"的一下排出空气和唾液的声音，通常还伴随着同样表示威胁的用爪子拍打地面的声音。

**低吼声**——一种持续的、威胁性的、低沉的咕哝声，表明不满情绪越来越强烈。

**咆哮声**——一种表示不友好的声音，嘴巴张得更大、微微上扬，闪动着它的武器：牙齿。

**尖叫声**——在极端冲突或痛苦时突然发出响亮、刺耳的叫声，如母猫在交配时发出的叫声，或猫咪被踩到尾巴时发出的喵呜声。

# 幼年时期如何影响猫咪的成长

每只猫咪都有自己的想法、感受和行为模式，这些都塑造了它们的个性，其中部分由遗传基因先天决定，不过也会受周围环境和成长经历的影响。了解先天形成和后天培养的影响，可以让我们确保小猫咪获得适宜的营养和一些重要的生活技能，以及与人类积极互动，使它们成为快乐、全面发展的猫咪。

## 社交倾向

猫咪是胆大妄为还是胆小如鼠，会受猫咪爸爸的DNA影响——假如猫爸爸谨小慎微，猫宝宝也就畏手畏脚。怀孕期间的压力和营养不良不仅会阻碍小猫咪的身体发育，还会影响它们的心理发育，从而导致它们对同类的容忍度降低，成年后变得更加胆小和"暴躁"（见第102—103页）。

在出生后的第三周，小猫咪的感官和压力激素已经开始发挥作用，所以每一次经历都会塑造它未来的性格和行为。它们生来就有一种默认的"野猫"设定，本能地不会喜欢人类的接触——因此，我们应主动获得它们的信任，否则它们就会变得桀骜不驯。在出生后的八周内，小猫咪的大脑对外界事物的接受度最高，所以，在这个阶段它们必须通过定期的积极接触（温柔地触摸和玩耍）学习与人类相处的技巧。因此，猫咪培养社交能力的机会之窗——决定小猫未来对人类友善程度最关键和最有影响的时期——是在你收养它们之前。然而，你并非错过了所有的培养时期。猫咪的行为在两岁到四岁之间才会完全成熟，所以仍有很多东西需要学习。

## 饮食和狩猎倾向

许多猫咪之所以很"挑食"，是因为它们在子宫里以及出生后的最初几周习惯了猫妈妈的饮食，后者会给它们在其中漂浮了63天的羊水和此后吮吸的乳汁中注入气味和味道。

在出生后的前六个月，营养丰富、种类多样的食物会使小猫未来的味觉更有包容性。在这段时间里，最好让小猫咪接触大量的不同口味和质地的食物。将新食物与它们已经喜欢的食物放在一起，或让猫妈妈待在食物附近，这有助于小猫咪接受新食物。

所有猫咪都有狩猎的本能。假如猫妈妈是狩猎高手，那么它的小猫们很有可能也是好猎手。

## 生存指南
# 新猫或小猫

很多猫咪可以活到25岁，甚至更久。所以，在决定养猫，选择猫咪或猫崽前，你要充分考量你的人生计划，这一点十分重要。下面罗列了一些需要考虑的问题：

## 1
### 最好的开端
选择一家信誉良好的猫咪救助机构，不要轻信网络广告和宠物商店。去看猫咪前要研究一下猫咪的品种，多问问题。保持头脑清醒，相信你的直觉。

## 2
### 年龄是一个重要的考量因素吗？
小猫咪（八周大）、青少年期小猫、成年猫和老年猫的需求各不相同，所以还要考虑到，随着猫咪年龄的增长，相应需要付出的承诺和花费也会增加。

## 3
### 完美匹配
假如你想选一只纯种猫咪，那么要让猫咪的脾性和毛发状况与你的生活方式相匹配（见第22—25页）。当然也不要忽略那些全面发展的普通家猫。猫咪绝育后性别基本无差异。

## 4
### 会是双重麻烦吗？
猫咪不需要同类"朋友"，只需要有充足的和你相处的时间、合适的猫窝（见第46—47页）、有规律的生活，以及一位好兽医（见第152—153页）。要是你有足够的空间和财力养两只猫崽，它们更有可能会和睦相处。

## 5
### 平稳过渡
当你首次带猫咪或小猫回家时，要让它们逐步适应新的生活（见第126—127页）。至少在开头几周，要坚持使用同一品牌的食物和猫砂，并将熟悉的气味带给它们。

## 6
### 保持积极的态度
鼓励猫咪安全地、有控制地探索任何未知的、可能令它们害怕或沮丧的事物，包括人、物和环境。用熟悉的食物或玩具来肯定它们平静、自信的行为。假如它们愿意的话，还可以抚摸它们。

# 猫咪的品种

野猫经过数千年的自然繁衍，演化成了现在对人类友好、能力全面的家猫。19世纪晚期到20世纪60年代，纯种猫流行起来——目前已有70多个纯种猫咪品种。猫咪的外表一直是最主要的考量因素，但有些品种还遗传了某些行为倾向。不管血统或外表如何，所有猫咪的本能都是一样的（见第10—11页）。

## 品种类型

尽管猫咪的品种繁多，但是，所有的宠物猫都有着与其共同的野猫祖先几乎相同的DNA。我们培育猫咪主要是为了它们的外表，传统的"自然"纯种猫源自不同的地理区域，如缅因猫和缅甸猫。随着我们口味的变化，波斯猫和暹罗猫现在的外表已与其祖先差异巨大。

一些品种猫因它们的性情特征而闻名（见右图），但每只猫咪都是独一无二的，都是由其生活经历所造就的，所以无法保证猫咪的性情与品种的特点完全吻合，尤其是那些具有争议的外来杂交猫咪。

**人类通过多种方式培育出了新品种:**

- 让传统的"自然"品种交配，培育出被大众认可的杂交品种——东奇尼猫、波米拉猫和奥西猫
- 让家猫与外来的野生丛林猫或薮猫交配，培育出的杂交品种——孟加拉猫、热带草原猫
- 让有些人觉得可爱的基因异常猫（如雷克斯猫、斯芬克斯猫、苏格兰折耳猫）繁殖后代

**培育出社交达人**
善于社交的品种，如缅因猫，是人类很棒的伙伴。

# 品种特征

### 爱运动

所有的猫咪都需要锻炼和探索，但有些猫咪非常敏捷，运动能力特别强，最喜欢全速奔跑、跳跃、攀爬、取物，甚至游泳。只要你仔细规划，利用好整个三维空间（见第46—47页），最好还有安全的室外通道（见第64—65页）以及充足的令猫咪兴奋的游戏时间（见第182—183页），你就可以使一个小小的室内区域发挥作用。

受欢迎的品种：家猫、缅甸猫、暹罗猫、孟加拉猫、阿比西尼亚猫，一些卷毛猫品种（活泼）——如柯尼斯卷毛猫、德文卷毛猫和塞尔凯克卷毛猫，埃及猫（跑得最快），土耳其梵猫（游泳健将），但不包括波斯猫（最不活跃）

### 爱思考

猫咪没有心机，好奇心重、智商高、爱探险。脑力刺激对所有猫咪都极其重要，但某些品种的猫咪更容易感到无聊、沮丧和焦虑，会被误认为"破坏性强的捣蛋鬼"，在刺激不足的情况下它们会突然钻到橱柜里偷吃食物。让它们开心对每个人都有好处（见第138—139页和第182—183页）。

受欢迎的品种：家猫、暹罗猫、孟加拉猫、缅甸猫

### 爱说话

任何一只猫咪都会对自己喜欢的人喋喋不休，不过，某些品种的猫咪更喜欢通过叫声表达爱意、焦虑、饥饿等，喵喵地叫个不停！

受欢迎的健谈的猫咪品种：暹罗猫、孟加拉猫、缅甸猫

受欢迎的安静的猫咪品种：波斯猫、缅因猫

### 社交达人

有些猫咪天生就比其他猫咪更爱社交，更"需要帮助"（见第148—149页）。它们喜欢和人类互动，积极寻求关注，要是被单独留下或被迫与其他猫咪相处，就会变得焦虑不安。假如你家附近有很多猫咪，或者你打算增加家庭成员或猫咪的数量，那么选择一个更易适应这种环境的品种不失为良策。

家庭里受欢迎的猫咪品种：家猫、缅甸猫、伯曼猫、缅因猫、布偶猫、雷克斯卷毛猫、俄罗斯蓝猫、暹罗猫

可能比较难与其他猫咪相处的品种：阿比西尼亚猫、孟加拉猫、暹罗猫、科拉特猫

### 养育成本高的猫咪

一定要先了解不同品种的猫咪在养育过程中需要付出的时间、耐心和费用等方面的差异。一些情况显而易见，比如长毛猫爱掉毛，需定期梳理和修剪。而有些情况则不太明显，如无毛猫的皮肤比较油腻，需要进行皮肤护理和趾甲修剪。

受欢迎的长毛品种：家猫、波斯猫、缅因猫、伯曼猫、布偶猫、森林猫

受欢迎的无毛、少毛或卷毛品种：斯芬克斯猫（无毛），卷毛猫（毛发少）

# 是品种的特征还是缺陷？

假如猫咪近亲繁殖或DNA发生随机基因突变，那么它们的外表就会发生巨大变化。有些变化无关痛痒，而有些变化会导致严重的健康问题，妨碍猫咪有效沟通，无论是现在还是未来，都对猫咪的生活质量产生负面影响。

不要只看猫咪"可爱"或"滑稽"的外表。相反，应该想一想，故意将培育出来的所谓"标准"的异常特征传递给猫咪，会对猫咪与世界互动的能力产生什么影响，它们是否毫无困难、不会沮丧、没有痛苦或疾病？这些"吸引人"的特征是否实际上成了限制其生活的缺陷？

### 扁脸（短头颅）

鼻子和下巴缩短意味着呼吸空间减少、麻醉风险增加、牙齿问题、皮褶皮炎，以及难产。泪管被挤压，眼球凸出，容易造成疼痛性溃疡。难怪这些猫咪看起来"脾气暴躁"！

例子：波斯猫，异国短毛猫

### 低尾，无尾

尾巴是猫咪脊柱的一部分，能表达它们的情绪（见第27页）。某些猫咪品种的"标准"导致尾巴活动受限，还有些则连尾巴都没有，因而增加了畸形、慢性神经疼痛、便秘和尿失禁的风险。

例子：低尾的猫咪——波斯猫、苏格兰折耳猫；无尾的猫咪——曼岛猫

### 皮毛

有些猫咪品种皮毛较薄、卷曲或皱缩，甚至没有毛发，这不仅会影响猫咪正常的体温调节和自我梳理，还会增加皮肤病、外伤和晒伤的风险。胡

**品种的优缺点**

在研究猫咪的品种时，不仅要了解其优点，还要了解其缺点。德文卷毛猫携带的基因中就存在肾脏、肌肉和关节方面的问题，也很容易出现皮肤和毛发方面的问题。

须通常更短、易脆，这使它们更难驾驭周围环境，也更难与猎物和玩具互动。相对于有着天然毛发的家猫，无毛猫的养护要求更高。

例子：斯芬克斯猫（无毛），卷毛猫

## 耳朵异常

小耳朵、扁耳朵或卷耳朵更难保持干净，这让猫咪看起来总是心情不好。使耳朵变形的软骨缺陷还会导致关节退化和早发性关节炎。

例子：苏格兰折耳猫，美国卷耳猫

## 短腿

"腊肠猫"腿短身长，这限制了它们具备正常健康猫咪所应有的活动能力和灵活性。短小的骨骼和有缺陷的软骨妨碍了奔跑、跳跃、攀爬和玩耍，一旦不可避免的关节炎发作，猫咪就会很痛苦。

例子：曼基康猫

### 遗传性疾病

纯种猫及其杂交品种均来自一个小基因库，这就增加了出现遗传性疾病的风险，如糖尿病（缅甸猫）、癌症（暹罗猫）和心脏病（缅因猫）。最健壮、最健康的品种，是那些没有按照我们的喜好进行改造的品种——朴实的家猫。

# 纯种猫崽检查清单

### 饲养者是：

☐ 知名机构注册，如英国爱猫协会（GCCF）、国际猫协会（TICA），并有父母双方的遗传病健康检查证明。

☐ 能自如地回答你的提问，并记录了每只小猫定期与外界接触的情况，包括护理、与其他宠物的互动、旅行，以及常见的家庭场景和声音。

☐ 能够提供兽医检查、免疫接种和寄生虫防治的相关证明，以及临时宠物保险证明。

### 猫崽是：

☐ 至少有12周大。

☐ 所有小猫咪与猫妈妈一起生活在饲养者的家里（而非外屋或笼子里），居所干净舒适。

☐ 在你面前表现得友好放松，既不害怕也不焦虑。

☐ 被接触、抚摸、短时间与同伴或猫妈妈分开时，表现得很自在。

☐ 饮食全面均衡，有玩具供它玩耍，吃饭、睡觉和去厕所都有独立的区域。

☐ 性格开朗，爱玩，好动。检查一下猫咪的耳朵、眼睛、鼻子、嘴巴、屁股和毛发是否干净。

# 观察猫咪的艺术

一旦你熟悉了猫咪通常让我们了解其感受、需求或欲望的不同交流方式（见第12—13页和第16—17页），你就可以开始详细观察你的爱猫了。从新的视角去理解猫咪所传达的信息，有助于提高猫咪的幸福感，并加强你们之间的联系。

## 开始观察猫咪

### 保持开放的心态

做出假设或给事物贴标签是轻而易举的事。然而，要想成功地观察猫咪，关键是保持头脑冷静，放眼全局，并根据环境考察猫咪的行为。在你对事件形成判断之前，要客观地看待和评估你所看到的一切。假如老年猫不再以直立的尾巴跟你打招呼：

下意识的反应是"猫咪年纪大了，性格变得越发暴躁了"。

冷静的评估是"我的爱猫睡得太多，醒来后身体僵硬，行动越发迟缓，还会在猫砂盆前撒尿，而且毛发乱蓬蓬的——早该去兽医那里检查一下了"。

### 给你的爱猫录像

无论你多么仔细地观察爱猫和它们之间的互动，还是很容易错过猫咪在实时"聊天"时的细微差别。假如你的确很想提升观察猫咪的技能，不妨录下猫咪在不同场景中的活动状况，然后用慢动作或定格回放，这样你就有了详细研究猫咪细微表现的机会。

### 保持冷静

如果我们发现猫咪表现出"糟糕"的行为，在不了解猫咪的思维方式和它对事物的反应之前，我们可能会立刻去阻止它的行为。但是，冲着你的爱猫大喊大叫或用水喷它，只会让它感到紧张或恐惧，让事情变得更糟。保持头脑冷静、谨慎行事则有助于缓解紧张气氛，化解不良局面。

### 征询兽医的意见

也许你对猫咪行为的判断是正确的，不过，即便你认为只是小问题，也最好确认一下。因为，即使是最小的问题或你疏忽的事，都可能积累成大问题（见第146—147页和第164—165页）。

26

**欣喜若狂的尾尖卷曲**
尾巴直立、尾尖卷起或颤动，甚至会将你的腿缠绕起来

**友好的直立尾巴**
尾巴笔直地竖起来+/-热情地颤动

**不悲不喜的松弛尾巴**
尾巴松散呈水平状+/-缓慢优雅地摆动

**低垂的尾巴**
表示隐蔽状态（如跟踪猎物）、焦虑、疼痛、受伤、生病，抑或波斯猫品种的特征

**收拢的尾巴**
尾巴紧贴身体，表示忐忑、恐惧、痛苦或疾病

**尾尖不停弹动的尾巴**
尾尖不断甩动、抽摆，表示躁动不安

**大幅度甩动的尾巴**
尾巴抽动或甩动，表示恐惧、沮丧、愤怒

**情绪测评**
观察尾巴是评估某个特定时刻猫咪承受多少压力的一种方法。尾巴的位置、摆动的方式和速度可以让我们了解大量有关猫咪情绪状态的信息。

**= 阳光灿烂的性情 积极情绪**

**= 风雨欲来的情绪 沮丧和愤怒**

# 会说话的尾巴

**目的：**尾巴是脊椎的延伸，其上有敏感的神经末梢，对敏捷的运动型猫咪尤其有帮助，让它们可以在高速行进时迅速改变方向，在高处时保持精准的平衡。尾巴是一个强烈的视觉信号，从一个安全的距离展现了猫咪的心情和意图——非常适合生活在大草原长草中的野猫。

**位置：**直立的"旗杆"形尾巴传递的是猫咪的自信和对你的热切问候。低垂的尾巴则表明猫咪很谨慎、很焦虑，或正在跟踪猎物。这还是波斯猫的品种特征（见第24页），但也可能是脊柱疾病或受到创伤的征兆。

**动作：**冷静、好奇的猫咪可能会在空中缓慢、优雅、流畅地摆动尾巴。突然的、有节奏的动作，如尾尖抖动、左右摇摆或甩动，是焦虑升级的表现。尾巴摆动得越快，说明紧张程度越高。

**快乐尾巴的标志：**闲适、快乐的尾巴会松散地拖拉在身后，位置处于水平和垂直之间。如果猫咪的尾巴完全竖立起来，尾尖卷曲或不停颤动，很可能是见到你高兴异常的表现。假如猫咪的尾巴像洗瓶刷一样蓬松，说明猫咪想让自己看起来更高大，这是恐惧的信号——所以请退后！

在不同情景下观察猫咪尾巴的形态，但不要完全专注在尾巴上面。毕竟尾巴只是猫咪进行交流的一部分，瞬息之间就会发生变化。

# 放眼全局

成功观察猫咪的一个关键点是：要将猫咪的行为与它们所处的环境以及当时发生的一切结合起来进行考量。读懂猫咪的肢体语言和发声信号只能了解部分真相。因为，识别出猫咪行为的触发因素和压力源，才是应对猫咪问题的第一步，才能最终使猫咪和你的生活更加舒适和愉快。

## 缩小范围

仅仅分析猫咪身体的一部分，比如耳朵的位置或尾巴的动作，只是了解猫咪整体状态的一部分。只有考虑到其他线索，比如身体的姿势、眼睛和胡须的形状，以及发声的不同，你才可以更好地了解爱猫是否感到焦虑、沮丧、威胁或愤怒。同样，不要只关注猫咪的一种

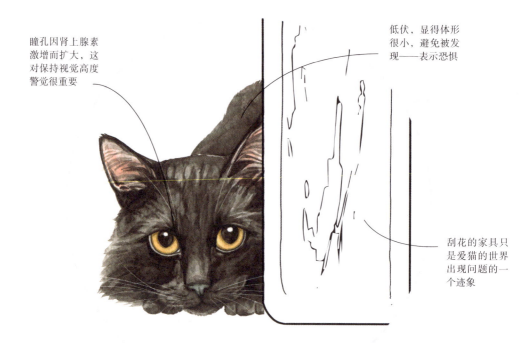

瞳孔因肾上腺素激增而扩大，这对保持视觉高度警觉很重要

低伏，显得体形很小，避免被发现——表示恐惧

刮花的家具只是爱猫的世界出现问题的一个迹象

行为，而是要进行整体评估。假如你的爱猫正在撕咬沙发，你得克制冲动，先不要给它贴上"坏"的标签或发泄你的怨气——想要"管教"猫咪是徒劳的，而且毫无益处。

## 扩大视野

猫咪很敏感，会感受到周围环境的紧张气氛，从而表现出各种因焦虑驱动的行为。只要放大审视猫咪行为的视角，就能发现猫咪周边环境中的重要细节。忙乱的环境，不熟悉或不愉快的情景、声音、气味和触碰，都会让猫咪的感官负担过重，使它们压力增大。要教导孩子们尊重猫咪（见第96—97页）。营造安静的环境，改善猫咪的居住条件（见第46—47页），为它们提供一个惬意舒适的躲藏之地，以及适合抓挠和发泄情绪的物件（见第134—135页）。

浓烈的香味往往让猫科动物敏感的鼻子承受不了，而且会掩盖它们熟悉的气味

压力过大的猫咪会尽可能远离让它焦虑的事物

哭闹的孩子，以及普通的噪声，都会让猫咪感到不安和恐惧

**采用广角视野**
扩大观察视野，把注意力从猫咪的动作上移开。纵观全局能发现更多问题。

# 触发堆叠

猫咪能够应对单独的压力事件，但是，如果压力事件连续出现，它们的焦虑感就会持续增加。达到临界点后，就会表现出突然退缩、躲藏、嘶叫或发怒等行为。这种压力逐渐积累的过程被称为"触发堆叠"。

即使最冷静的人有时也会失去理智。假如发生了一系列令人沮丧的事件，导致人们脱离了日常生活的轨迹——例如，先是找不到钥匙，然后没搭上火车，最终没有及时赶上需要参加的重要会议——那么累积效应会使压力水平飙升，很容易与任何擦肩而过的人发生冲突。对猫咪来说同样如此。疼痛、疾病或任何让它们感到担心或烦躁的事情都会引发它们的焦虑。紧张不断加剧，等到最后一次触发事件出现，甚至只是一次毫无恶意的抚摸，它们就会彻底爆发，进入"暴躁"模式（见第102—103页）。这时候，需要我们帮助猫咪重归平静，尽可能降低个体触发因素对它们的影响，或者防止这类情况再次出现。

## 应对受到触发的猫咪

• 在惊恐发作时，猫咪会开启"逃跑、

**堆叠的工作原理**
每个事件都会提高猫咪的紧张程度，在猫咪突然爆发之前通常你不会注意到。

应激阈限

**阈限以下**

猫咪表现得很平静、很放松

**触发事物1**

宠物箱出现
触发了恐惧的消极记忆

**触发事物2**

被抓住
失去控制 = 恐惧 + 沮丧
+/– 痛苦

**触发事物3**

被关入笼子/宠物箱里
无法逃脱或藏身 =
恐惧 + 沮丧

战斗或僵住"模式，这时请你退后，给它足够的空间和时间平静下来。惊恐的猫咪喜欢逃到低处或高处——偏爱黑暗、安静、有遮挡、空间紧凑的藏身之处。

- 不要对着正在嘶叫或咆哮的猫咪吼叫或企图抓住它。这样做只会让你的处境雪上加霜，不但会增加猫咪的压力，而且可能教会它下次更快地采取更具敌意的"武装"反应。

## 防止触发堆叠

- 要学会从猫咪的肢体语言中识别它紧张程度升级的迹象。如果可以，在它接触到另一个触发源之前，帮助它从目前被触发的应激反应中平静下来。
- 创造积极的关系，帮助你的爱猫克服触发反应的事物。比如，若猫咪讨厌宠物箱：

- 那么就要彻底清洁宠物箱，去除任何浓烈的难闻气味，然后将宠物箱敞开透气，盖上猫咪熟悉的毛巾，这样猫咪就可以在独处时探索它了。
- 添加一条舒适的毯子和一些零食，营造一个积极的空间，并在宠物箱附近用逗猫棒和猫咪玩耍，适时将它引入宠物箱内。用平静和鼓励的语气表扬猫咪放松的行为举止。
- 在你的爱猫处于压力阈值之下时，让它有时间逐渐适应宠物箱。给它选择权和控制权，可以减少焦虑，也有助于放松，最终以积极和期待的情绪取代恐惧或沮丧（见第132—133页）。

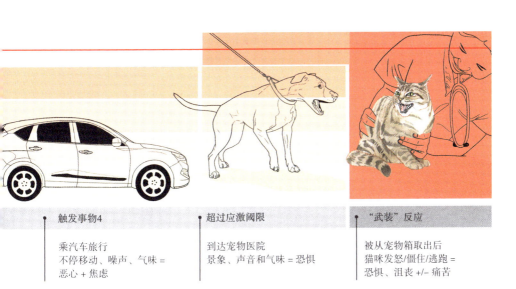

触发事物4
乘汽车旅行
不停移动、噪声、气味 =
恶心 + 焦虑

超过应激阈限
到达宠物医院
景象、声音和气味 = 恐惧

"武装"反应
被从宠物箱取出后
猫咪发怒/僵住/逃跑 =
恐惧、沮丧 +/– 痛苦

# 有何作用？

猫咪在任何特定情况下的行为由其基因结构、生活经历和对当前环境的本能反应共同决定。要想发现猫咪行为的真正动机，就需要问问自己："这个行为对我的猫咪有何作用？"

我们很容易根据自己的价值观和人生观对猫咪的行为做出假设，可是，要想真正了解你的爱猫，就得把人类的观点放在一边，像猫咪一样进行思考。因为猫咪的行动完全出于它的生存本能，行为的作用很关键。当猫咪的行为在我们看来很"搞笑""疯狂"或"可爱"时，其背后必然有一个真正的野猫动机。

每当你想知道为何你的爱猫会这样做时，以下公式将帮助你发现它的真实意图。也可从猫咪的肢体语言中寻找线索（见第12—13页）。接下来，试着识别猫咪行为的类型（见下一页），这将有助于你决定下一步做什么。要清楚，疼痛和疾病会改变猫咪的行为，所以，如果有疑问的话，为了安全起见，还是预约兽医检查一下吧！

## "有何作用"公式

| 1 | 2 | 3 | 4 |
|---|---|---|---|
| 这样的行为多久发生一次？ | 行为发生的情景是什么？是否还牵涉到其他的人或动物？行为发生的地点在哪里？ | 就在行为出现前发生过什么？ | 行为的动机是什么？猫咪想达到什么目的，或想避免出现什么情况？ |

**猫咪是否获得……**

- 安全感或控制权？
- 做出正常"野猫"行为的一次机会？
- 关爱或陪伴？
- 它们需要的或想要的东西？
- 评估新事物的距离和时间？
- 休息、愉悦或舒适？
- 精神上的刺激？

**猫咪是否在逃避……**

- 疼痛或不适？
- 挫折感或失落感？
- 不熟悉、不愉快的事物或有威胁的事物？
- 寒冷、潮湿或被人拎起？
- 对抗或攻击？
- 感官刺激超负荷？
- 改变或新事物？

# 行为类型

了解爱猫的行为属于哪种类型，会有助于你了解它们在想什么以及你应该做什么。

- 猫之所以为猫是由于这些自然行为：领地意识、狩猎/玩耍、理毛、抓挠、做标记、探索、跳跃、攀爬、伸展、躲藏和社交（以猫咪的方式）。

- 习得行为是触发因素与不自主的情绪或生理反应（如恐惧、恶心或味觉厌恶）之间的联系；也是有意识地重复有回报的行为，避免无回报的行为。"回报"或奖励可以是食物或无意中得到的关注，甚至是行为本身获得的奖励（见第136—137页）。

- 寻求关注的行为并非为了自我肯定而进行的戏剧性自我展示，而是意味着猫咪的需求没有得到满足。喵喵叫、跳到我们面前、抓挠、撒尿、乞求，都表明它们需要我们的关注——猫咪的世界里有些问题需要解决。

- 亲和行为是猫科动物的问候和手势，用于建立或维持友好关系——舔舐我们或与其他猫咪互舔，触碰我们或其他猫咪的鼻子，磨蹭身体，一起睡觉。

- 消极攻击行为是指没有直接身体接触的恐吓行为，常见于多猫的家庭，通常采取瞪视对方的方式，或占据一个战略位置，以堵住出口/入口、阻止获取资源，如食物，水，猫砂盆或活板猫门。

- 转嫁行为是指错误地指向并非本意针对的目标对象。例如，当一只猫看到对手在外面，却攻击靠近它的人或宠物。

- 捕猎行为（见第94—95页）是下列行为背后的驱动因素：玩耍，在羽绒被下追逐脚趾，扑向你的脚踝或其他猫咪。

- 转移行为很常见，但出现的时间点很奇怪，通常是猫咪社交不适或有压力的信号，比如猫咪在与对手对峙时自我理毛。

# 家有酷猫

猫咪的行为有时看似乖张怪异，
却总能令我们开怀大笑，情不自禁地拿
出手机拍下有趣的一刻。
掌握了猫咪癫狂时刻的规律，
我们就能知道如何让猫咪生活得
幸福快乐，同时也会懂得，
它们的这些行为可不只是有趣而已。

# 我家猫咪只喝杯子里的水

我家猫咪时常被我逮到不喝自己碗里的水，而是跑到床头喝我玻璃杯里的水。只要看到我拧开厨房的水龙头，它就会跑过来。为何猫咪如此挑剔？

## 猫咪在想什么？

猫咪不喝自己碗里的水，似乎是自恃高贵。其实这一行为背后自有逻辑可循。猫咪一旦喝了受过污染的水就会危及生命，所以才会尽量寻找流动的水源，不去喝死水。而且，猫咪喜欢饮水的水源远离进食和排便的区域。

猫咪在情绪放松时也喜欢喝水，会优先选择安静的地方。但问题是，我们常常把猫食和水碗放在杂乱的厨房或杂物间，嘈杂的电器声使猫咪不想喝水。安静的卧室里有一杯水，对猫咪就更具吸引力，特别是刚刚在床上小睡过后，喝水止渴也很方便。此外，更让猫咪无法抗拒的是，玻璃杯沿上还残留着你的气味。

猫咪从玻璃杯和水龙头处喝水时，不仅看水面看得更清晰，而且位置也在有利的高处，能躲开别的宠物和孩子们。同时这也意味着，它们可以像在水潭边喝水的野猫一样，一边喝水一边观察周围的环境。

## 我该做什么？

当下：

- 不要训斥或驱赶猫咪。
- 让它们把水喝完——毕竟，它们肯定很渴。

长远来看：

- 如果猫咪近期才出现这种情况，要联系兽医进行检查，因为经常性口渴也可能是由生病引发的（见第164—165页）。
- 盖上你的杯子，或者你改用瓶子喝水。
- 采集新鲜的雨水——只要有机会，猫咪就会选择去户外的水坑或花园里装满雨水的容器中喝水，而不喝经过化学处理的自来水。
- 测试一下猫咪是喜欢窄口碗还是宽口碗？偏爱玻璃或陶瓷碗，还是塑料或金属碗？如果猫咪戴着项圈，需要检查它喝水时是否会撞到碗上。
- 多给猫咪一些选择——在猫咪的领地内安静的地方多设一些饮水点，家里每层楼至少要有一个饮水点。给猫咪选择玻璃杯、水碗和饮水器等。

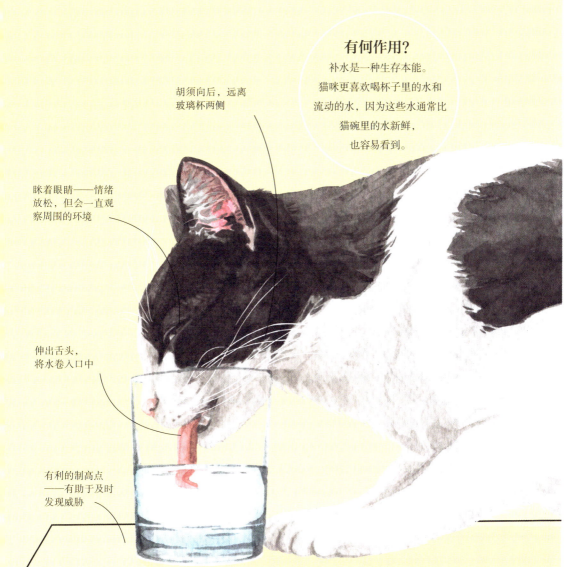

**有何作用?**

补水是一种生存本能。
猫咪更喜欢喝杯子里的水和
流动的水,因为这些水通常比
猫碗里的水新鲜,
也容易看到。

胡须向后,远离
玻璃杯两侧

眯着眼睛——情绪
放松,但会一直观
察周围的环境

伸出舌头,
将水卷入口中

有利的制高点
——有助于及时
发现威胁

37

# 我家猫咪会在房间里疯跑

我家猫咪白天大部分时间都懒洋洋的，可是一到晚上就性情大变，着了魔似的在屋子里疯跑。它们这是在找乐子还是想要告诉我什么信息？

### 猫咪在想什么？

也许猫咪在想"人类让路，猫咪来了！"许多爱猫人士都见过这样的场景：猫咪突然毫无征兆地在房间或花园里疯跑，就像尾巴着了火似的，这种从安静温顺突然变得疯狂乱窜的行为变化，被称为"the zoomies（疯狂奔跑）"。大多数猫咪会时不时地疯跑一下，但有时它们的疯跑行为更有规律性。你可能会在猫咪大便后看到这种现象——被恰当地命名为"排便快感"。要是猫咪只在便后才疯跑，有可能是疼痛的征兆，需要请兽医看一看。疯跑行为也可能是在提醒你：猫咪需要更多的刺激（见第182—183页）。

耳朵向后平放——"我很兴奋，给我些空间！"

眼睛炯炯有神，肾上腺素激增导致瞳孔放大

### 有何作用？

疯跑可能是一种宣泄过剩能量和/或挫折情绪的方式，特别是对那些生活方式比它们本能选择的更久坐不动的猫咪来说。

## 猫咪"疯狂随机活动期"

动物学家将这种突然爆发的活力称为
"frapping"——"疯狂随机活动期"的
英文缩写。这种行为通常发生在黄昏和
黎明之间，也就是猫咪自然捕猎的时间。
目前没有证据表明野猫有这种行为，但
圈养的大型猫科动物都会这样做，比如老
虎和短尾猫。这支持了这一理论："疯
狂随机活动期"是释放被压抑的能量的
一种方式——野猫整天忙于捕捉猎物，不
太可能需要宣泄多余的能量。

摆动不停的尾巴，
用于在不稳定的高速
停启时保持平衡

## 我该做什么？

当下：

- 移开障碍物，不要让猫咪在全速
  奔跑时受伤，也不要破坏屋内你珍
  爱的小摆设。
- 面对小毛球享受舒展肌肉和心跳
  加速的剧烈运动时引发的飓风，请
  尽情欣赏吧。
- 保持距离——在猫咪高度兴奋时与
  它互动有风险，因为你可能成为错
  误游戏的焦点和受害者。

长远来看：

- 充分利用猫咪野猫般的运动节奏，
  每天让它们进行大量的体力和脑力
  锻炼，比如给它们一些可以攀爬或
  抓挠的物件、可以跟踪和追逐的玩
  具，最好提供一些户外的刺激活
  动，以缓解它们的挫折感和无聊情绪
  （见第46—47页和第64—65页）。

> "
>
> 疯跑行为多出现在小猫，
> 以及待在室内时间长、其他活动或
> 宣泄渠道较少的猫咪身上。
>
> "

# 我家猫咪狂爱猫薄荷

*我有一只猫咪，它只要碰到猫薄荷，就会毫无尊严可言。它会在地板上打滚、磨蹭、流口水，看上去飘飘欲仙，而其他猫咪对猫薄荷却完全无动于衷。*

## 猫咪在想什么？

猫薄荷（荆芥）是一种草本植物，会向空气中释放一种强效但无害的精油（荆芥内酯）。猫咪吸入猫薄荷后，大脑中的某些神经通路会受到刺激，虽然还无法确切了解猫咪的想法和感受，但从它们的反应看，肯定是通体愉悦。

猫咪对猫薄荷的反应是一种遗传特征，并非所有猫咪都携带"猫薄荷基因"。狮子和豹子会屈服于这种植物的诱人魅力，而老虎和家猫似乎不太受其影响。

猫咪对猫薄荷的反应各不相同。有些猫咪表现得完全不受影响，也不感兴趣；有些看起来非常冷淡。不过，大多数猫咪则会表现出结合了游戏和性的行为。最常见的反应是：先是无所顾忌地打滚、磨蹭、舔舐、流口水、叫唤和蹬后腿，然后进入昏睡状态，发出咕噜声。这种兴奋感会在十分钟内消失，并使猫咪在半小时内对其影响免疫。

## 我该做什么？

当下：

- 观察猫咪食用猫薄荷后的反应和互动——它看起来是超级放松，还是完全无动于衷？抑或表现得欣喜若狂？
- 要当心沉迷于猫薄荷的猫咪的锋利爪子和牙齿，有些猫咪由于非常兴奋和刺激过度，可能会咬或踢你的手。

### 有何作用？

虽然我们尚不知晓为什么一些猫保留了产生这种反应的基因，但猫薄荷似乎丰富了许多猫咪的生活。

蹬后腿，
击倒和制服"猎物"

长远来看：

- 可以种植猫薄荷或效力较弱的紫花荆芥，后者漂亮的紫色花朵会吸引蝴蝶和蜜蜂。其他具有类似效果的植物有桃色忍冬、银藤（木天蓼）和缬草。
- 可以保存一些干的猫薄荷或喷雾，让猫咪的玩具重新发挥作用，激起猫咪对新的猫抓柱或猫抓板的兴趣。猫薄荷很安全，不会上瘾。不过，大量食用会导致猫咪嗜睡或肠胃不适。

对猫薄荷没有反应的猫咪摆出"狮身人面像"的姿势，在安全距离外观察

舌头伸出、口水直流

爪子向内蜷缩，以防猫薄荷"逃跑"

闭眼，以免摩擦时受到伤害

猫薄荷玩具

# 我家猫咪自视为牛

*我家猫咪喜欢吃美味多汁的……草！它们也偏爱叶子，甚至还啃过我的兰花。植物纤维有益猫咪健康吗？#猫咪不是牛*

## 猫咪在想什么？

无论你喜欢与否，有些猫咪确实吃草。你可能没有亲眼看到过猫咪吃草，当证据再次出现在你的地毯上时，你可能已经踩到了它。关于食肉动物为什么吃植物纤维，目前还没有定论，但许多野生食肉动物也啃食植物。这很可能出于某种功能性目的，如从植物中获取额外的水分或营养物质，用土壤微生物重新繁殖肠道菌群或清除肠道中的毒素、多余的皮毛以及寄生虫。只要植物没有毒性（见第64—65页）、无尖刺且不含杀虫剂，就不会对猫咪有害。但最好还是换成猫草（特别为室内猫咪培育的盆栽植物）。

### 致命的百合

百合，尤其是百合属和萱草属的品种，含有一种能损伤猫咪肾脏的强效毒素。只要猫咪啃咬了花瓣、花茎、花蕊、叶子，擦身而过时舔到花粉，或喝了花瓶里的水，都可能致命。

## 我该做什么？

- 室内的猫咪需要猫草，尤其在它们感到无聊或好奇的时候。你可以用现成的花盆丰富它们的生活，或在窗台种些会发芽的谷物，如小麦、燕麦、大麦或黑麦。不要种植厨房调料类的草本植物，有些在咀嚼后会产生毒性（见第58—59页）。

- 确保所有进入你家里的植物都是安全的——春季球茎植物、圣诞树和一品红都有毒性和刺激性。假如亲友们要送植物给你，得告知他们哪些品种安全。如果对植物的安全性存疑，不如索性将其排除在外，不值得冒险。

- 假如你家的猫咪爱吃草，成了一台割草机，就要特别警惕杀虫剂或化肥。

- 不要种植背面有黏性的观赏草，它们真的令人头疼。因为猫咪在吞食后，要将其吐出时会卡在喉咙和鼻腔后部。

- 把花瓶和花盆里的植物换成吊篮、微景观或人造绿色植物。

> 玫瑰、向日葵、非洲菊、紫罗兰和兰花往往不含毒素，不过，应该将带刺的叶子和花茎移除，或放在猫咪够不着的地方。

头部倾斜，与"捕获的猎物"成90度角，使牙齿的切割强度最大

胡须向后绕开青草，便于更高效地"割草"

食肉的颊齿像剪子一样，绞碎肉和草

用你的爱心种植的有机猫草

# 我家猫咪总是对我居高临下 —— 千真万确!

*我家猫咪总是栖居在房间的最高处,要么在窗帘杆上,要么在门顶,看起来它们并不舒服!它们为何要这样做呢?*

## 猫咪在想什么?

猫咪非常喜欢待在高处,这样就可以监控自己的大片领地,控制感十足。它们栖居在你的附近,但又在你触摸不到的地方,以自己的方式与你互动。它们看似很合群,但其实没有那么友好。假如已有其他宠物将地板据为己有,猫咪通常就会将目光投向高处,另觅一个安全的空间作为自己的领地。

## 我该做什么?

当下:

- 假如猫咪不会卡在门里,拉窗帘时也不会遭遇危险,那就不用管它们。等

### 爬墙

除了年纪太大或身体太弱的猫咪之外,所有猫咪都喜欢爬墙。有些品种的猫咪身手敏捷,运动能力极强,跳高水平令人惊叹,比如暹罗猫、东方猫和孟加拉猫。正如许多懊恼养了孟加拉猫的饲主所知的那样,孟加拉猫的跳跃距离尤其惊人。

到临时栖居地变得异常不适,它们自然就会跳下来。若你真的需要让猫咪下来,那么要冷静处理,一定要考虑你自身的安全问题——借用梯凳,切勿站在沙发上乱抓。

长远来看:

- 攀爬是猫咪的天性,你无法阻止,也无须阻止。你可以通过提供更安全但同样有趣的栖居地来防止猫咪危险的攀爬行为。不妨把家具重新布局,让猫咪有一条从地面到高处的攀爬路线。你可以购买猫爬架或猫吊床。假如你热衷于DIY的话,何不考虑搭建一个多层架子或高层"猫咪公寓",让家居更具"猫性化"呢?

- 假如你的爱猫比平时更难触及,可能是因为它们感觉待在地面不安全。因此,你要尽量在不同高度给它们提供安全的藏身之处。它们是不是觉得受到了其他猫咪(见第156—157页)、狗狗或孩子的骚扰?

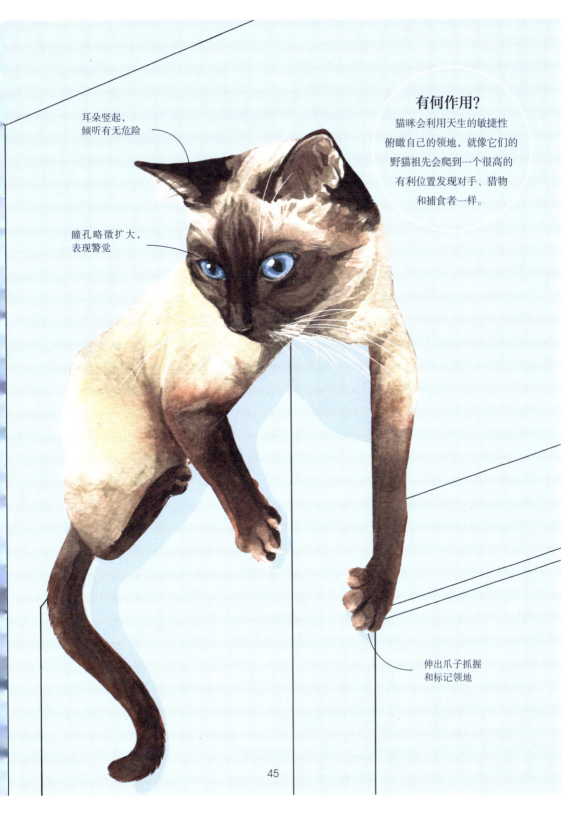

耳朵竖起，
倾听有无危险

瞳孔略微扩大，
表现警觉

**有何作用?**

猫咪会利用天生的敏捷性
俯瞰自己的领地，就像它们的
野猫祖先会爬到一个很高的
有利位置发现对手、猎物
和捕食者一样。

伸出爪子抓握
和标记领地

45

生存指南
# 完美的猫咪居所

你的家就是猫咪的领地，必须提供给它们所需的一切，必须是一个舒适的避风港，既能让它们感觉到拥有控制权和选择权，还能允许它们做真实的自己，释放内心的野性。

## 1

### 打造禅意的空间

猫咪喜欢舒适、安全、平静和安宁的领地，能选择在不同房间和不同环境下的不同高度休憩和藏身。让它们自主选择是在阳光下舒展筋骨，还是藏在暗处相互依偎。

## 2

### 防止幽居病

猫咪会积极探索三维世界，所以需要足够的空间跳跃、攀爬、奔跑、抓挠，以及实施掠夺欲望。它们也渴望有新的挑战和机会去觅食并解决问题，不过其间需要穿插安静的休息时间。

## 3

### 尊重天性

为你的爱猫提供有控制权、选择权和规律的生活以满足它们内心的野性（见第10—11页）。要周到地为它们提供重要的资源，准备进食、饮水、休息和如厕等单独区域。多猫家庭更要有足够的空间。

## 4

### 避免感官过载

人工香味、灯光和嘈杂的科技产品会淹没猫咪的超能力感官。尽可能为猫咪提供新鲜空气和绿色空间，这对猫咪的幸福大有裨益（见第64—65页）。

## 5

### 自由活动

陌生或"可怕"的障碍物，比如箱子、其他宠物、孩子或访客，可能会无意中限制猫咪的资源通道或进出路线。可让室内门敞开，并安装一个活动猫门（见第130—131页）。

# 我家猫咪迷上送货上门

当我最新购买的工具配件送货到家时，猫咪们比我还兴奋。空盒子和内包装很快就成为它们最喜欢的捉迷藏游戏之地。猫咪对包装的这股兴奋劲儿说明了什么?

## 猫咪在想什么?

天生的好奇心促使猫咪去调查它们领地内出现的陌生事物，而纸板箱提供了大量令它们感到兴奋并可去探索的质地和声音。它们可以像野猫躲在枝叶繁茂的藏身处一样，蜷缩在内包装里。

纸箱里黑暗、封闭的空间为紧张的猫咪提供了一个远离家庭喧嚣的避难所，这也许营造了小猫依偎在妈妈和兄弟姐妹身边的感觉。同时它们也得到保护，免受"捕食者"的伤害。

对自信、放松的猫咪来说，纸箱好似一个迷你巢穴。它们趴在里面，偷偷地观察周围环境，静候"猎物"出现，然后再一举伏击——它们所希望的"猎物"是一些废弃的包装盒或顽皮的猫咪玩伴，而不是另一个胆小的宠物或你的脚踝。

### 有何作用?

任何从外面进入家中的物品都会带有丰富的陌生气味。猫咪的生存本能驱使它去判断这个物体是不是一个潜在的威胁。

纸板箱是猫咪玩捕食者-猎物游戏的理想工具，为其提供了藏身或伏击之处

## 我该做什么?

当下:

- 接受猫咪的爱好——你订购的便宜货变得物超所值!
- 移除危险物,如干燥剂或订书针。一些猫咪会啃咬塑料、胶带或硬纸板。
- 不要让"游戏"失控。如果猫咪通过伏击你或其他宠物来宣泄被压抑的本能和能量,可能会导致受伤或发生打斗。

长远来看:

- 在房子周围的高处或低处放置纸板箱,供猫咪玩耍或休憩,同时防止多猫家庭发生争夺领地的冲突。

- 检查一下硬纸板可用作猫抓板的范围。
- 用刺激性的钓竿玩具、激光笔、猫薄荷、猫草、益智喂食器和猫咪电视频道来培养猫咪内心的野性。

### 发挥创造力

你(或任何有意愿的孩子)可以发挥自身具有的艺术天赋,用剪刀、颜料或记号笔给无趣的盒子增添些许生气。你只需在任意的搜索引擎中输入"猫咪纸箱创意",就能获得不少灵感。如果你觉得太麻烦,或者你太忙碌,也有很多现成的产品供你选择,从城堡到游轮,应有尽有!

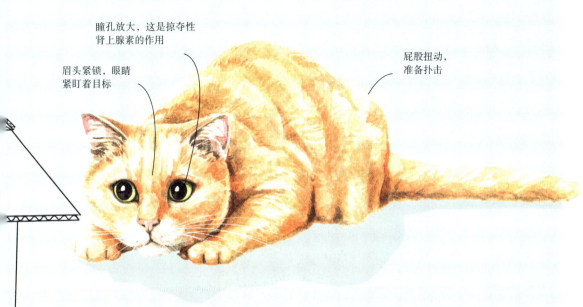

瞳孔放大,这是掠夺性肾上腺素的作用

眉头紧锁,眼睛紧盯着目标

屁股扭动,准备扑击

# 我家猫咪会看时间

*我家猫咪会在每天早上6点闹钟响起前叫醒我，下午6点钟声敲响时，就会跳到窗台上等我回家。猫咪是怎么知道确切时间的？*

## 猫咪在想什么？

和人类一样，猫咪也有高度发达的"生物钟"来决定睡觉和醒来的时间，影响消化和体温调节之类的关键程序。内部和外部的信号使它与地球24小时自然周期保持一致。猫咪善于观察，会不断地观察我们，并通过捕捉变化和建立关联来判断具体"时间"。最终，猫咪的生物钟融入了你的日程安排的线索——在你的闹钟响起之前，它们的肚子就会咕咕叫了。

猫咪喜欢按部就班，总是按习惯行事，所以，突然的变化，比如把时钟拨快或拨慢、重新开启一种新的工作模式，都可能让它们感到紧张和困惑。要是你能未雨绸缪，会有助于它们在适应过程中将干扰降至最低。当然，要是你的生活以它们为中心，它们就会快乐似神仙。

## 我该做什么？

为了应对长期的变化，如要切换到夏令时，请你提前一周开始这一过程。每天将猫咪的玩耍时间和喂食时间朝着新的时间表调快10分钟。

- 假如你可能比平时晚回家，或者打算睡个懒觉，可以使用自动喂食器，将定时器设置在正常的用餐时间。
- 在你需要早点出门的前一天晚上，就要把猫咪玩耍、进食和休息的时间提前半个小时。
- 分散猫咪的注意力，不要让它们感觉独自在家，你可以：设置定时器在黄昏时开灯，提供趣味喂食器，播放猫咪电视或舒缓的音乐。
- 切勿打扰！尊重猫咪日常的生活节奏，任由它想睡就睡。

### 现在几点了？

猫咪大脑里的"时钟"主要对光线条件的变化做出反应，比如阳光、月光或人工照明。猫咪还会通过观察我们的日常活动以及探测我们残留的气味来记录时间。同时也不放过任何其他线索，如鸟鸣声、邻居家汽车发动的声音。

竖起耳朵，倾听汽车
独特的引擎噪声

眼睛保持警惕，随着
白天光线减弱，能量
水平逐渐提高

肚子咕咕叫——
吃老鼠的时间到了!

冷静的姿态——
耐心是一种美德

**有何作用?**

因为你掌控着食物、房门、
游戏时间以及爱抚，所以
观察你的一举一动成为猫咪
最重要的一项日常活动。

高级观猫指南

# 猫咪握手

猫咪并非不爱交际，而是在一直观察。事实上，猫咪对外界充满了好奇，对于认可的人，常常会主动寻求关爱。如果它们做出不尽如人意的问候（见第92—93页），往往是因为人类没有尊重猫咪不成文的交往规则。完美的"问候"应该是这样的……

## 1 尾巴上扬着靠近

猫咪靠近你时，尾巴垂直竖起，尾尖卷曲，说明心情很好；如果尾巴还在兴奋地微微颤动，相当于在对你微笑。如果你看起来容易接近，它会想与你互动，不过，是以它的方式，而不是你的方式。所以，你要克制自己想去拥抱猫咪的冲动。

## 2 嗅觉测试

猫咪之间通过鼻子对着鼻子互嗅来问候彼此，并通过脸部的气味腺体释放出友好和熟悉的信息（见第14—15页）。你不妨模拟猫咪的这种问候方式：手松散地握成拳头，中指关节略微伸出，模仿猫咪的头和鼻子的形状。

### 4 终极特权

自信的猫咪可能会直接用脸颊蹭你的手，之后继续往前走让你抚摸全身。大胆的猫咪甚至可能会停下来，将尾巴根部蹭到你身上，随即温柔地一甩尾巴继续前行。不过，这绝对是一个特殊的姿势，你得真正理解猫咪的暗示才能做到这一点。

### 3 愉快地蹭来蹭去

无论猫咪是在磨蹭你的脚、小腿还是手，都是你的荣幸。就让它引导你将手放在它喜欢被抚摸的位置吧（见下图）。假如你尚不清楚应该抚摸哪儿，不妨沿着下巴、顺着脸颊，一直抚摸到耳朵根部。

### 5 抚摸陌生的猫咪

要始终让猫咪先接近你。你不妨侧躺、坐着或蹲下，与它的高度齐平。你的动作要平缓、安静，不要与猫咪直接对视。可以一直抚摸绿色区域（见右图），直到建立起信任为止。注意观察猫咪的肢体语言，尤其是它的耳朵和尾巴（见第12—13页和第27页）。避免粗暴、突然的抚摸，否则，可能会过度刺激到猫咪。

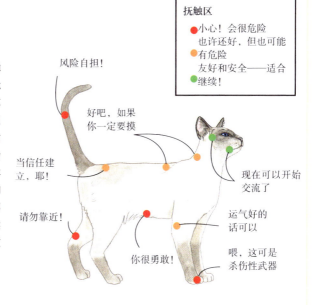

抚触区
- 🔴 小心！会很危险
- 🟠 也许还好，但也可能有危险
- 🟢 友好和安全——适合继续！

风险自担！

好吧，如果你一定要摸

当信任建立，耶！

请勿靠近！

你很勇敢！

现在可以开始交流了

运气好的话可以

喂，这可是杀伤性武器

# 我家猫咪成了社区联防队员

我家猫咪长期驻立窗边，监视着每一个路过的遛狗者、送货司机，以及其他猫咪的动向。这是它的好奇心作祟，还是需要我担心的问题？

## 猫咪在想什么？

　　猫咪总喜欢看着窗外，这很正常。它们可以趴在窗前尽情享受它们最喜爱的两项消遣——管闲事和晒太阳。猫咪平均每天会在窗前待五个小时，大多数猫咪表现淡定，也许只是在幻想喂鸟器旁的小松鼠有多美味。不过，有些猫咪十分警觉，不停巡视自己的领地是否有入侵者。焦虑的猫咪总是很警惕——狗狗和遛狗者都是潜在的捕食者，而邻居家的猫也是危险的对手。猫咪感到的威胁越多，就会变得越警惕，这可能导致慢性焦虑。因此，这种令猫咪忧虑的窗前观察需要及时处理。

## 我该做什么？

当下：

- 观察猫咪的肢体语言——是否表现出焦虑或烦躁（见第12—13页和第122—123页）？一旦有，就要与它们保持安全距离，避免目光对视。平时性情温和的猫咪，如果觉察到一只四处游荡的公猫的威胁，可能会对你发起攻击。
- 用钓竿玩具分散猫咪的注意力，能让你避开猫咪挥舞的利爪——就让钓竿上的假鱼承受猫咪的懊恼吧。

长远来看：

- 眼不见心不烦——贴上静电磨砂窗膜，让猫咪看不到窗外的世界。
- 使用安全无刺激的驱虫剂，并且清洗掉残留的猫咪尿痕，以阻止其他猫咪到访。
- 让猫咪多玩益智玩具和游戏，以消耗因紧张而产生的负能量（见第138—139页和第182—183页）。
- 如果你有一扇视野还算不错的窗户，那就把它变成一个超级诱人、舒适的避风港吧，鼓励你的爱猫使用它（见第56—57页和第68—69页）。

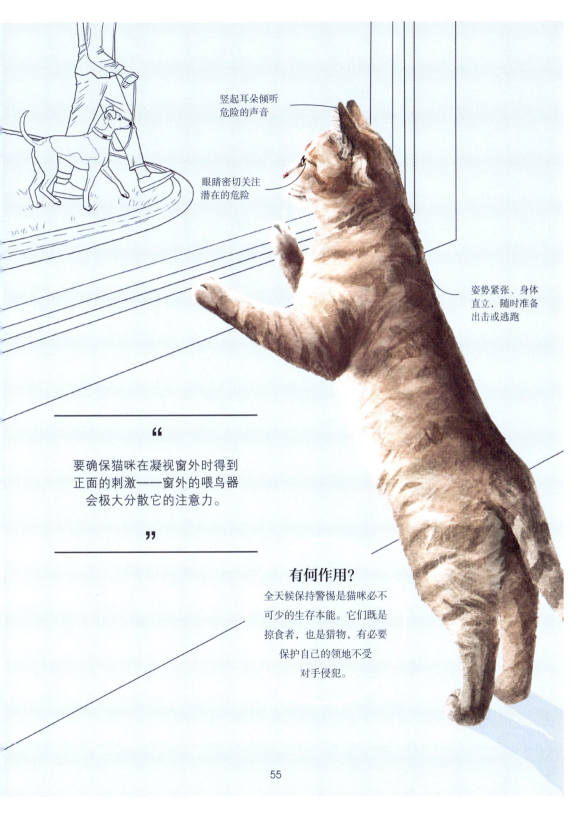

竖起耳朵倾听
危险的声音

眼睛密切关注
潜在的危险

姿势紧张、身体
直立，随时准备
出击或逃跑

"
要确保猫咪在凝视窗外时得到
正面的刺激——窗外的喂鸟器
会极大分散它的注意力。
"

## 有何作用？

全天候保持警惕是猫咪必不
可少的生存本能。它们既是
掠食者，也是猎物，有必要
保护自己的领地不受
对手侵犯。

# 我家猫咪随处睡觉

我给小猫咪准备了堪称完美的猫床，可它却一点也不感兴趣。
为什么沙发靠背对它更有吸引力？

## 猫咪在想什么？

也许你的猫咪内心住着希巴女王。其实只有人类才一心想要睡在真正的床上。对猫咪来说，更重要的是睡在一个安全、干燥、足够安静的地方，好让它们放下戒备，彻底放松。

胆小焦虑的猫咪可能会选择隐蔽的地方睡觉，如床底下；充满自信、善于交际的猫咪可能更喜欢家里的中心位置，比如沙发靠背；贪吃的猫咪可能选择厨房旁边的架子，期待有机会觊觎着脸蹭些吃的。猫咪喜欢在不同的地方轮流着睡，这是一种进化倒退现象，可以减少寄生虫的积聚。

### 共枕还是独眠？

你的床可能被猫咪视为最完美的五星级休憩地，因为那里安静、有你的气味，还有舒适的床上用品。你需要从一开始就决定是否允许它们"进入所有区域"，因为往后很难再对它们施加限制。

## 我该做什么？

当下：

- 就让它们按自己的方式打个盹吧——睡眠是电池充电和身体修复的重要时间。
- 当一回猫咪侦探——为何猫咪选择的地方比你提供的猫窝更有吸引力？是因为气味、大小、形状、温度、质地、便利性或位置吗？

长远来看：

- 清除陌生气味，涂抹信息素，增加猫床的吸引力（见第14—15页）。
- 将新床放置在猫咪喜欢的位置，并添加一条它熟悉的毯子。
- 确保猫床容易爬上去，靠近食物、水和猫抓板，远离猫砂盆和潜在的"威胁"。
- 通过食物、猫薄荷或大量抚摸，让新床成为猫咪向往的一个地方。
- 让猫咪自由选择——在不同的位置安放不同类型的猫床：猫咪想要暖和时适合自加热猫床，隐匿时适合圆顶小窝或隧道床，享受阳光或管闲事时适合窗台栖息架。

居高临下，
远离"人流"

尾巴放松，
松弛地下垂

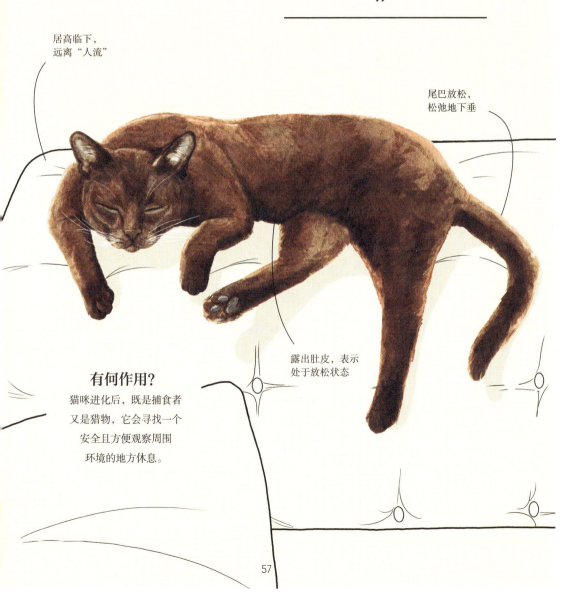

露出肚皮，表示
处于放松状态

### 有何作用？

猫咪进化后，既是捕食者
又是猎物，它会寻找一个
安全且方便观察周围
环境的地方休息。

57

# 我家猫咪想吃素

我想猫咪已经忘了自己是食肉动物，因为它们最爱吃草莓。甚至把我盘子里的花椰菜都叼走了！我应该买素食猫粮吗？

## 猫咪在想什么？

如果猫咪肚子空空，天生又好奇心十足，那么你可以提供给它们一些不一样的食物选择。你的爱猫应该不会沉迷于甜食，但可能喜欢上其他口味。许多人类食物，如肉汁、沙拉酱和奶酪，之所以吸引猫咪，是因为这些食物像肉类一样含有盐分和脂肪。当然，偷吃的食物总是更加美味！

猫咪选择食物并不仅仅基于口味。由于它们的嘴里配备了剪断和切开骨头、软骨和肌腱的工具，你的爱猫也许渴望吃一些用牙齿啃咬的东西。

### 营养需求

猫咪所需的营养要素只在动物肉里才有，动物肉中含有牛磺酸等促成蛋白质合成的重要成分，还富含必需的脂肪和维生素A、维生素B和维生素D。猫咪肠道较短，不像狗和其他食肉动物那样能很好地消化植物淀粉。不过，宠物猫的肠道比野猫稍长一些，可能是因为吃了我们提供的各种食物。

## 我该做什么？

当下：

- 确保猫咪偷吃的食物是安全的。牛奶和奶油等食物会引发腹泻。其他种类的食物，如巧克力、葡萄和葱属植物（大蒜、洋葱、细香葱和韭菜），对猫咪来说是有毒的。

长远来看：

- 你的爱猫是否只是缺少其他探索或玩耍的机会（见第64—65页和第182—183页）？它们是否想咀嚼一些猫草（见第42—43页）或参与一些能激发天生好奇心的室内挑战，如拼图喂食器和食物分配器（见第138—139页）？
- 它们是否想和你互动？让它们多做些自己喜欢的事情：探索敞开的橱柜或纸箱；当你躺在沙发上休息时，拿出猫咪按摩器或逗猫棒给它们玩。
- 许多猫咪喜欢的食物比我们提供的要丰富，请向兽医咨询合适的选择。

> "
>
> 还没有证据表明人造素食猫粮是安全的。让家里的猫咪吃这种猫粮，你会安心吗？这一点值得思考。
>
> "

胡须前伸，触碰"受害对象"——蔬菜

头部倾斜，使颊齿处于最佳切割角度

眼睛紧盯目标——近距离观察具有挑战性，需要集中注意力

好奇的爪子在抓"猎物"，准备将其送入猫口

### 有何作用？

猫科动物利用五种感官探索周围世界，在好奇心的驱使下，你的爱猫会想知道你的盘子里有什么。也许它们想要更多样化的食物？

# 我家猫咪走红了

我家猫咪的视频账号每天都会增加新的粉丝，我上传它们的照片和视频获得的点"赞"数比我发布的任何一张自拍都多。人们喜欢我的小天后，而我也喜欢做它们的猫人助理。

## 猫咪在想什么？

事实上，猫咪完全不在乎它们的在线粉丝俱乐部，也根本不关心虚拟世界是否觉得它们可爱、有趣或讨人喜欢。它们唯一关心的是，有没有得到你的疼爱、照顾以及恰当的关注。大多数猫咪不愿意被人穿衣戴帽，它们可能正在想："赶紧给我脱掉这身衣服！"

有些猫咪在T台上大摇大摆地走秀或在镜头前摆出各种姿势时看似不以为意。但是，对于另外一些猫咪而言，如果干扰了它们打盹、玩耍，或人们拿着手机对着它们拍个没完、闪光灯闪个不停，这就侵犯了它们的私密空间，它们会感到恼怒、不安。你要注意观察猫咪的肢体语言，留意任何紧张或不适的迹象（见第122—123页）。

## 我该做什么？

- 给猫咪穿衣打扮或拍照时，如果它们挣扎、抱怨、哈气、僵住不动或猛烈摆动，这说明它们不喜欢这样做，你应该尊重它们，让它们离开吧。

- 不要再给猫咪穿衣服——大多数猫咪都有厚厚的双层皮毛，如果再穿上其他外衣，它们很快会有过热的感觉。

- "时尚"配饰既不舒服，又很危险——钻石项链虽然听起来魅力十足，但要是猫咪表现平静、乐意配合，那么可以让它戴着饰品拍个快照。切记看管好猫咪，因为它们可能会啃咬饰品或将饰品钩到其他东西上。

- 检查你花了多少时间为猫咪的粉丝们创建新的"内容"，确保所花的时间不超过你与猫咪相处的时间。

### 伦理视角

利用猫咪的长相追赶流行趋势是有风险的，尤其给它们冠以"世界上最胖的猫咪"或外形"滑稽的猫咪"等称谓，如终日愁容满面之类的。这样会影响猫咪的身体健康或导致不负责任的育种行为。你的爱猫不是活生生的玩具或设计师的配饰，要尊重它们，不要拿它们寻开心。

> 许多猫咪都是真正的摆拍高手或天生的选美皇后，所以，要专注于欣赏它们天然的模样，放弃那些新奇的服装。

头饰会刺激敏感的皮肤和胡须

瞳孔随着压力激素的激增而扩大

戏服很危险，限制了猫咪的活动和体温调节

塑料爪套让猫咪无法缩回爪子，限制了它的行动

### 有何作用？

老实说，这里的作用都是针对你的。你的爱猫真的喜欢戴着斗篷和皇冠吗？还是说它们宁愿玩游戏或趴在沙发上？

## 生存指南
# 初尝自由的滋味

让猫咪出门会让人有些担心，所以让它们出去之前，要综合考量它们的过往经历、性情、品种、健康状况以及当地的隐患和法规，然后才能放心地让它们出去。

### 1
**"行前检查"**

确保你的猫咪已经绝育，做了最新的驱虫，植入了微型芯片。为它们配备一个会反光且能快速卸除的项圈，同时系上铃铛和身份标签，上面备注你的电话号码和"已植入芯片"的信息。

### 2
**设置宵禁时间**

不幸往往发生在黄昏和黎明之间，而这恰恰是猫咪出于本能外出捕猎的时段。可以设置一个活动猫门，防止它们在晚上特定时间后离开。

### 3
**打造积极的空间**

在花园周边撒些吸尘器收集的粉尘，让花园闻起来有家里的味道，不过，不要撒猫砂盆里的猫砂，否则可能引来附近的猫咪或其他食肉动物。确保猫咪返家的路线畅通无阻。

### 4
**营造安静的氛围**

避免在一天中繁忙的时段出门，注意那些可能导致猫咪产生压力的危险和噪声，如狗吠声、孩子的喊叫声和垃圾的收集声。在天气好的时候选一个安静的时间让猫咪出门。

### 5
**创造美好的体验**

推迟早餐时间——猫咪不太可能空着肚子走很远——它们回来后再给它们喂食。和它们一起坐在户外，给予它们关心，鼓励它们玩耍，用安心的语气和它们交谈。

### 6
**进行"着陆"检查**

新来的猫咪可能不受其他邻居宠物的欢迎，所以要留意猫咪发生冲突的声音。等你的冒险家回来时，要对它们进行仔细检查。假如它们看起来不对劲，要赶紧去看兽医。

# 我的居家猫咪想体验户外的乐趣

*虽然我家所在的街区很安静，但我还是不放心让猫咪外出。可是，我又希望它们能四处探索，享受新鲜空气。*

## 猫咪在想什么？

猫咪是天生的探险家，室内的生活对它们而言可能平淡无奇，令它们沮丧。因此，提供一个能满足它们野性需求的室内栖居地十分重要（见第46—47页）。你能为它们创造的户外体验取决于当地的环境、气候、野生动物和法规，以及猫咪的个性和你的焦虑程度。猫咪喜欢户外探索，但是它们的冒险精神和好奇心会让它们陷入困境。鉴于室内室外都有风险，所以应征求兽医的意见，把风险降到最低。

### 漫步和摇摆

可以教会自信的猫咪按提示返回，接受牵引，乘坐宠物车或婴儿车。然而，焦虑的猫咪如果发现环境在变化，它们无法逃避、隐藏或控制自己探索的方式时，就会心烦意乱。考虑一下猫咪的个性，先在室内尝试一些新事物，同时监测猫咪的肢体语言，看看是否有压力的迹象（见第12—13页和第122—123页）。

## 我该做什么？

将野性带入室内：

- 觅食的乐趣——在纸箱或纸袋里插上羽毛、树叶或树枝，然后放入零食或玩具。始终看好猫咪，防止它们啃咬或吞食这些东西。
- 观察野生动物——装置一个窗口鸟类喂食器，播放鱼类或鸟类的自然影片，或下载一个模拟老鼠的应用程序（见第182—183页）。
- 绿色生活——在室内打造一个绿色空间，在窗台上种植一些猫草和对猫咪来说安全的植物（见第42—43页）。

打造安全的户外空间：

- 给猫咪涂抹对它们无害的防晒霜以保护粉色的鼻子和耳朵；提供阴凉处，以及上厕所和喝水的地方。
- 种些对猫咪来说安全的植物，如猫薄荷、猫草、缬草、醉鱼草和无刺玫瑰。要经常检查猫咪可能接触到的任何带有毒性的植物。
- 用猫滚轮、支架或商用防猫网围住围栏、墙壁、棚屋和树干的边界；用防猫网围起阳台或露台。

翠菊——
对猫咪无毒

鼻子在新鲜空气
中嗅探大自然的
气息

敏感的粉红色
皮肤容易受到
紫外线伤害

瞳孔在明亮的
阳光下收缩

耳朵直立、
向前，对户外
的异常声音
保持警觉

## 有何作用？

猫咪喜欢按照自己的方式
探索自己的领地。理想情况下，
应该为它们提供安全的途径，
让它们将冒险扩展
到自然界。

# 我家猫咪给我带回血淋淋的礼物

我好像和猫咪版的汉尼拔·莱克特同居一室，我的卧房是它们的迷你巢穴。我爱猫，但也爱其他动物。我的小小连环杀手能洗心革面吗?

## 有何作用?

狩猎是猫咪的一种生存本能。它们会将猎物带回核心领地，远离其他的猫、食腐动物和食肉动物。将猎物存起来，等以后或安全的时候食用。

超声波耳朵能捕捉到猎物的声音

猫咪的辅助睫毛探查猎物，并触发保护性眨眼

猫咪的竖瞳有助于判断与猎物之间的距离

猫咪"玩弄"猎物，检查猎物是否还有生命迹象

> "
> 你不能惩罚猫咪或阻止它们
> 表现天性——你能做的就是
> 给它们一个可替代的发泄方式。
> "

## 猫咪在想什么？

　　无论是偶尔的礼物还是日常仪式，有些猫咪会给你带来可怕的或鲜活的猎物，从老鼠、鸟类到蜘蛛和飞蛾。你可能会把这种行为解读成猫咪过度分享狩猎的喜悦或一种爱的表现，但这不过是猫咪遵从内心野性的呼唤罢了。假如猫妈妈善于捕猎，幼猫很小就能学会这项本领。它们是否会吃下猎物，也许取决于它们是更喜欢新鲜的老鼠还是脆脆的苍蝇，而不是你提供的猫粮。不管怎样，狩猎是猫咪的本能，即使是娇生惯养的纯种猫，只要有机会都会去狩猎。

## 我该做什么？

当下：

- 保持冷静，不要责骂、追逐猫咪，也不要用零食或表扬鼓励猫咪的行为。
- 顺其自然可能会导致猎物受伤，引起混乱。如果可以，将猎物装入一个小盒子，将其置于温暖、黑暗、安静的地方以减轻痛苦，同时联系兽医。

受伤的猎物在适当的药物和专业护理下也许能存活下来。猎物受到惊吓且有感染的风险，所以简单地放生可能不是最佳方法。

长远来看：

- 确保猫咪做过最新的驱虫处理，特别是那些喜欢吃猎物的猫咪。
- 模拟自然状态：少食多餐，进食时间可预测，进行大量模拟狩猎活动——玩耍（见第70—71页和第182—183页）。
- 阻碍猫咪捕猎成功。给猫咪戴上可快速卸下的反光铃铛项圈。安装内置微芯片的猫门，通过定时功能让猫咪在猎物最活跃的时候（黄昏至黎明）留在室内。
- 只让待在室内吗？如果想让喜欢往外跑的猫咪以后只待在室内，务必要咨询猫咪行为学家。

### 猫咪与长羽毛的朋友

既要保护当地的珍贵物种，又要尊重猫咪的捕猎天性，这本身就具有争议，在道德上难以两全。即使我们将猫咪请入家中，但大自然最初的害虫防治并不会放过那些濒危物种，所以明智的做法是，不要让猫咪深夜出门，同时给它们戴上可快速卸下的铃铛项圈，以此保护野生动物。

# 我家猫咪冲着鸟儿喋喋不休

*有时候，猫咪会紧盯着户外喂食器上的小鸟和松鼠，喉咙里发出非常奇怪的声音，好像试图与它们沟通，希望它们来到自己身边。*

## 猫咪在想什么？

　　猫咪会发出十分有趣的声音，比如在观察猎物时通常会发出咔咔、吱吱和啾啾声。假如仔细观察，你就会发现：猫咪发声时会有节奏地抽动口鼻和下颌，嘴巴快速连续张合，牙齿咯吱作响。每只猫咪似乎都有自己独特的叫声，结合了咔咔声和短促尖锐的喳喳声。无论猫咪是惬意地趴在窗边像鸽子一样巡逻，还是盯着遥不可及的松鼠，叫声的共同特点似乎都是寻求不可企及的东西。

"

就像在起跑线上加速引擎、肾上腺素激增的赛车手一样，猫咪咔哒咔哒叫的时候，心里可能既兴奋又期待。

"

## 我该做什么？

当下：

- 尽享观猫乐趣，但要注意猫咪这种行为背后潜在的挫败感，要么是因为户外活动受限，要么是因为室内空间和设施配备不足，无法满足猫咪进行探索、攀爬、跟踪和扑击的需要。你不妨趁此机会检查一下家居和花园环境是否对猫咪足够友好（见第46—47和第64—65页）。

长远来看：

- 如果观察野生动物是猫咪最喜欢的消遣方式，那就为你的小小观鸟家制作一个舒适的观景台吧。窗边的猫咪座椅有各种形状和尺寸，如挂在暖气片上的吊床、用吸盘牢牢固定在玻璃窗上的吊床，或者你可以重拾DIY技能，自己动手做一个。
- 用猫咪最喜欢的仿真猎物玩具培养它们野性的一面——为爱鸟的猫咪提供羽毛，为终结老鼠的猫咪提供人造毛。

## 狩猎策略

你也许认为那些在跟踪猎物时给猎物唱小夜曲的捕食者会有暴露自己的风险，但南美虎猫能模仿森林猎物（斑绢毛猴）幼崽的声音。或许宠物猫也是用这种声音巧妙地引诱它们的猎物？又或者只是表达捕猎时既兴奋又沮丧的情绪？

眼睛睁得大大的，
但在明亮的阳光下
瞳孔收缩

牙齿急促地颤动，
低沉地发出咔哒
声和吱吱声

胡须翘起，
向两侧伸出

猫爪准备就绪，
尽可能靠近目标

高级观猫指南

# 捕食过程

捕捉猎物是猫咪的一大天性。无论是在花园里梭巡寻找活生生的猎物，还是在室内伏击假想的猎物，它们的策略都是相似的。了解猫咪的捕猎过程是认识其自然本能并助你创造各种刺激性游戏场景的极好方式。

## 1
### 搜索

猫咪独自巡视领地，寻找合适的猎物（通常是小型啮齿动物或鸟类）。它们通常会坐下来耐心等待，发达的超声耳能听到尖锐的噪声和动物疾驰的声音。眼睛四处扫视寻找猎物的踪迹，直至锁定目标的位置。

## 2
### 跟踪

猫咪经常从侧面或后方偷偷接近猎物。眼睛紧盯目标，腿部弯曲，肚子贴着地面，缓慢平稳地匍匐前行。情况瞬息万变，因此它们有时会奔跑，同时保持蹲伏姿势。

## 3
### 追逐

作为伏击性捕食者，猫咪依靠的是隐蔽和出其不意，而不是像猎豹那样穷追不舍。如果猫咪要奔跑，那也不是长距离追逐，而是进行冲刺，根据需要不时迂回和转弯，以阻止猎物逃跑。

## 5
### 捕杀

猎物被猫咪夹在爪子或下巴之间。由于看不清近物，猫咪就用前爪垫和爪子探测猎物的动作，用嘴唇确定猎物的方向，再用犬齿给猎物致命一咬。

## 4
### 扑击

对于这种近距离战术，动作精准至关重要。猫咪身体下蹲，先是标志性地"摆动屁股"，然后身体向前向上跃出。低头紧盯猎物，耳朵尖尖竖起。身体扑向地面时，胡须向前扫去，测量猎物的确切位置。

## 6
### 操控

没有被立即杀死的猎物通常会反击，所以猫咪会拍打、抛掷、甩动小的猎物，"兔子蹬"大一些的猎物。它们可能会短暂地松开猎物，检测猎物是否还活着或防止自己受伤。

## 8
### 休息

在野外，这一艰难的捕食过程每天要重复20次，所以恢复精力很有必要。这也是它们消化猎物、清洗皮毛上的血迹和寄生虫的时间，以免引来捕食者或吓跑潜在的猎物。

## 7
### 准备开吃

猫咪会叼着猎物，偷偷溜到一个远离其他猫和食肉动物的安全地点，把猎物塞进肚里或藏起来。如果饿了，就用门牙扯掉猎物的羽毛，用带刺的舌头剥去猎物的皮毛，使其露出肉来。

# 猫咪和我

猫咪不会广而告之自己的情绪，
也不会关注我们的一举一动。
它们更喜欢待在远处，静静观望。
然而，这并非表示猫咪不喜欢
我们的陪伴或关爱，它们只是更在乎
自己的世界，需要自己的空间。

# 我家猫咪边"踩奶"边流口水

我喜欢和我家猫咪依偎在一起的时光——不过，我可不喜欢它们用爪子挠我的膝盖，还经常留下一摊口水。#不酷

## 猫咪在想什么？

你可能已经领教过猫咪的前爪在你的腿上、床上或毯子上有节奏地来回推动，就像面包师揉面团那样。这表明它们感受到了积极的氛围，它们的祖先野猫睡前也会通过这一动作助眠。

这种行为还有个萌称——"做布丁/做饼干"，也是喂养幼崽的正常本能，用来刺激猫妈妈分泌乳汁。有些成年猫在踩奶时甚至会吮吸衣物或毯子等柔软物品（见第116—117页），而发情的母猫则经常揉踩地面。

猫咪和你依偎在一起时，觉得愉悦放松，从而引发多余的唾液分泌（就像准备消化乳汁一样）。这与肾上腺素激增相反，它们的身体会进入"休息和消化"模式，而非"战斗或逃跑"的生存模式。它们情绪放松，心率减缓，分泌出水一样的唾液。有些猫咪也会刺激出过量的鼻腔分泌物，导致鼻子湿漉漉的。

## 我该做什么？

当下：

- 保持冷静，你肯定不希望让猫咪从欢欣喜悦变为惊慌失措，否则它们将来可能不会再趴在你的膝盖上了。至于猫咪的口水，你可以稍后再清理。
- 记得检查猫咪除了愉快地踩奶、咕噜叫唤和心满意足时会流口水之外，是否还有在其他情况下流口水的现象。流太多口水可能是因为猫咪患了牙病、感到恶心、中了毒、遭到昆虫叮咬或肠道阻塞，需要及时去看兽医。你尤其要关注猫咪的食欲和进食情况。

长远来看：

- 你不妨在旁边放条毯子或垫子，在猫咪趴到你腿上之前将毯子或垫子放在腿上，让猫咪更舒适愉悦，不会有趴在人肉针垫上的感觉。
- 如果你养的是室内猫，那你得小心地为它修剪爪子（室外猫要依靠爪子进行攀爬和快速逃离）。
- 将纸巾放在手边，以便随时擦拭猫咪的口水。

## 流口水、皮屑和过敏

一些人对猫咪过敏，是因为会对其唾液中的蛋白质Fel d 1产生反应，这种蛋白质会在宠物整理毛发时留在皮毛上。当猫咪抓挠、被人抚摸或梳毛时，富含蛋白质的毛发颗粒（皮屑）就会飘到空气中被人体吸入。猫咪咀嚼特别研制的食物可以中和唾液中的Fel d 1。

眼睛——从杏仁状到闭合状，看起来怡然自得

耳朵放松，朝向前方，表明猫咪完全处于放松状态

多余的唾液是由位于舌头、下颌和耳朵下方的唾液腺分泌的

## 有何作用？

成年猫踩奶是完全享受当下的一种表现。此外，这一行为还有其他好处，踩奶后留下的气味可以阻止其他猫咪占据它们的位置。

伸出爪子踩奶，在你的大腿上享受当下的时光

# 我家猫咪认为我该清洗了

*有时，我家猫咪会把我们的关系提升到一个新的境界，会舔舐我的头发和皮肤。它是在表达爱意，还是觉得需要帮助我保持清洁呢？*

## 猫咪在想什么？

这种行为很可能表明你的猫咪确信你是猫咪社群中值得信赖的一员，它是在通过分享群体气味来增进你们的关系，加强你们之间的纽带（见第14—15页）。它会期待你的回报吗？幸运的是，你只需轻抚一下猫咪，就足以让它感到甜蜜。

猫咪的舌头上长有倒钩状的肉刺，被它舔舐会感到不舒服（甚至疼痛）。但是想想这些"倒刺"的作用是剔除猎物骨头上的皮肉，你感觉不舒服也就不足为奇了。这一动作体现了猫咪温柔、和平的一面，小时候猫妈妈就用这种方式舔舐它们，它们自然也就学会了。这样一想，你会觉得安慰。

### 和平共处

相互梳理毛发有助于缓解同一社群中猫咪之间的焦虑和紧张情绪，这和其他物种的情况一样。这种行为常常被误解为猫咪之间关系良好的标志，然而，就像朋友和家人一样，猫咪们也并非总是意见一致，它们会通过互相舔舐平静下来，避免爆发全面战斗。

## 我该做什么？

当下：

- 假如你喜欢猫咪的舔舐，那就什么都别做——这种行为不仅无害，还能增进你们之间的感情。
- 假如你不喜欢，也不要呵斥、吓唬猫咪，否则会破坏它们对你的信任。
- 观察触发猫咪产生这种行为的原因——就在猫咪决定给你做面部护理前，到底发生了什么事？

长远来看：

- 一旦注意到猫咪要给你进行清洁的预警信号，你不妨用有趣的替代活动，如玩游戏，分散和重新引导它们的注意力。
- 如果你觉得时间和地点都合适，只是接受不了猫咪刺刺的舌头，那就采用主动抚摸猫咪的方式，特别是它们的头部，因为所有的气味腺都分布在那里（见第14—15页）。通过抚摸让你们的气味充分融合在一起，这会让猫咪感到安心。

## 有何作用?

猫咪互相梳理毛发很正常，
就像密友之间的"拥抱"，
会给双方带来内啡肽
的刺激。

眼睛几乎全闭
——放松和享受当下

用舌头向后的中空
倒钩梳理皮毛
（或毛发）

美容师的爪子
将尊贵顾客
（就是您啦！）
固定住

头部通常
是梳毛的
重点部位

# 我家猫咪盯着我看

*每当我家猫咪想要进行对视不眨眼比赛时，我都会欣然应战——*
*不过，我总是因为先眨眼而败下阵来。我猜猫咪可能想要以此告诉*
*我一些重要的事情，可是，我如何才能知晓呢？*

## 猫咪在想什么？

猫咪在内心深处的野性驱使下，眼睛会时刻保持警觉，好奇地观察周围环境。盯着老鼠洞持续看几个小时对它们而言都是件稀松平常的事。在与对手对峙的过程中，它们也会动用瞪眼神功，时常伴随着咆哮或号叫。这是一场意志力的较量，要么一方退缩，要么双方开战。

长时间不眨眼的凝视会让人类觉得不安。猫咪对我们肢体语言的解读能力远超我们的想象，所以，它们能感觉到盯着我们看会让我们感到不适。它们从以往的经验中学到，只要盯着我们看的时间够长，就能成功引起我们的注意。

在许多方面，你都是猫咪的全世界。你控制着它们获得食物、水、住所、厕所设施、保健、娱乐以及获得关注的渠道。它们长时间地凝视你，也许是因为它们的需求在某种程度上没有得到满足，也许是因为天性好奇，想知道你在做什么以及为何不让它们参与。

## 我该做什么？

当下：

- 注意观察你所在的地方以及周围发生的事情，这会给你一些线索，让你知道猫咪想要告诉你的事。
- 解读猫咪的肢体语言。假如它们表现出害怕、躲藏、激动、愤怒或进入玩耍/捕食模式，要避免对视，给它们空间。
- 检查猫咪是否有压力或存在健康问题（见第164—165页）。
- 如果你认为猫咪想要得到它们并不需要的食物，那就中断眼神交流，分散它们的注意力，比如玩游戏（见第182—183页）。
- 如果它们是在寻求关爱，那就好好地抚摸它们。

长远来看：

- 努力减少猫咪生活中的挫折或压力。给它们提供规律和稳定的生活，不过也要允许它们有一些变化和掌控权。
- 如果猫咪盯着你看是为了觅食，那就回顾一下你给它们喂食的内容、方式和时间，看看是否能更好地满足它们的需求。

尾巴轻轻甩动，对没能如愿以偿有些失望

## 有何作用？

凝视是猫咪的一种生存本能，帮助它们躲避捕食者或对手的伤害，是猫咪"坐-等-伏击"狩猎风格的一个重要环节。

目光完全集中在你身上

心满意足地咕噜着，这是获得积极回应屡试不爽的一种方法

> 比起人类，猫咪可以不眨眼的时间更长，所以，你不大可能赢得这场不眨眼对视比赛。

# 我家猫咪用头撞我

*每当我坐下看电视，我家猫咪就会用标志性动作来纠缠我——用头撞我，甚至还很用力，将我的热咖啡打翻，溅得我身上和沙发上到处都是！*

## 猫咪在想什么？

不难猜到，猫咪在试图与你进行互动。不过，它们不寻常的撞头行为究竟意味着什么？所谓"撞头"，是一种友好的姿态，即使是狮子等大型猫科动物也会用这样的动作来确认彼此之间的关系。对你的爱猫来说，刚开始可能只是轻柔地、可爱地、温和地蹭蹭头，随着时间的推移，就会发展成热情过度的头部撞击，通常会伴随着响亮的咕噜声，要是你"足够幸运"，还会遭受猫咪的口水、舔舐或眨眼等其他表达亲昵的方式（见第74—75页、第76—77页和第86—87页）。在某种程度上，你的爱猫已经知道，一旦它做出这些行为，脖子和头部就会得到你舒适的按摩。

### 撞头还是头痛？

猫咪用头部撞击人类要比猫咪之间互撞更热情。可能是因为我们没有按照它们所希望的方式回应，它们才更加用力地与我们沟通——就像别人没听见我们说的话，我们会提高嗓门一样。

## 我该做什么？

当下：

- 要是你想鼓励这种行为，那就撞回去——不过，假如你拿着热饮，回撞猫咪可不是明智之举。
- 如果时机不对，那在当下的情境中，不要给猫咪它想要的东西，从而打破这一循环。如果有必要，你可以走开，不理它。

长远来看：

- 找个对你来说更合适的时间，给猫咪做一些剧烈的撞头动作的机会，比如在梳理毛发的时候或在玩耍的间隙。
- 在你坐下来休息之前，先和猫咪玩一个互动游戏，释放它被压抑的精力。或者，让它自己玩，无暇他顾，例如玩猫薄荷玩具或拼图喂食器（见第138—139页）。
- 要让猫咪知道用更冷静的方式表达爱意的好处，鼓励猫咪平静、低能量地磨蹭，重点放在它的下巴和脸颊，而不是头顶上。

## 有何作用?

群居的猫咪通过相互磨蹭和
碰撞融合彼此的面部信息素,
因此,猫咪只要轻轻一闻
就能识别出陌生人
(见第14—15页)。

顶撞——头顶倾斜
以获得最大接触

目光柔和,
眼睑放松

尾巴松弛、直立,
尖端呈钩状

身体前倾,
重心偏向一侧

81

高级观猫指南

# 快乐猫咪的表现

宠物猫放弃了更多让自己感到自然舒适的控制权，我们会无意中把它们的忍耐力推到极限。我们都是猫之"幸福"的守护者，所以，我们看到这些暖心和满足的时刻越多，就越能成为更好的人类。

### 心理健康

猫咪的耳朵朝前，眼睛明亮，瞳孔较小，表明情绪不错（见第12—13页）。它们摆出悠闲的姿势——身体舒展、爪子和肚子朝天，表明状态良好。在迎接你时尾巴直立，伴随着轻微的咕噜声、吱吱声和喵喵声，也是它们心情愉快的表现（见第52—53页）。

### 身体健康

光滑整洁的皮毛、锋利的趾甲、明亮的眼睛，以及干净的臀部都是猫咪健康的标志。体重稳定、身材苗条、食欲旺盛，意味着食物的吸收、排泄和活动量之间达到了较好的平衡。身体健康、身材匀称、无痛无病（见第146—147页和第164—165页）都是幸福的标志。因此，需要兽医护理时，没有创伤的经历会营造更欢乐的氛围（见第152—153页）。

### 感受关爱

所有猫咪都需要有机会以自己的方式表达和接受爱。许多猫咪喜欢枕着你的大腿或揉踩你的胸部，有些猫咪喜欢磨蹭你的小腿或用头撞你，还有一些猫咪会跳进我们的怀里发出满意的咕噜声。许多猫咪都有猫伙伴甚至狗狗朋友——这些都是爱和幸福的表现。

### 追随野性

猫咪最快乐的时候就是跟随内心深处的野性呼唤行事之时。探索世界、解决问题、攀爬和跳跃都能让它们体验刺激、感到满足。追逐空中飘舞的落叶、玩玩具或捉弄活生生的东西（老鼠！），都会让它们活力四射。无论是在花园、猫窝，抑或在窗台上，它们都喜欢新鲜的空气和明媚的阳光。

### 私密空间

渴望舒适的家庭生活，有时间和空间去做自己的事情，这些并非懒惰的表现——休息和娱乐是重要的充电时间。眼睛半睁半闭，肚子朝天沐浴阳光，进食后不断自我清洁，蜷缩成一个让人分不清头尾的紧实毛球，所有这些都是猫咪心满意足的表现。

# 我家猫咪趴在笔记本电脑上休憩

每当我在家阅读或工作时，猫咪都想与我共享美好时光。它们会用爪子删除文章的段落，在我还没有准备好发送邮件时就替我将之发送出去——实际上，它们就是在妨碍我的工作。

## 猫咪在想什么？

猫咪跳到你眼前、挡住你的视线，并打断你的活动，所有这些举动都是为了得到你的关注。它们并非逼迫你，而是在礼貌地提醒你，想要与你进行互动：也许在你眼前胡闹一番，是想和你相互依偎，或和你玩一个硬核游戏。有时，这些需求会升级为喵喵的叫声，或是用爪子抓挠，或是打翻你桌上的东西。假如猫咪感到十分沮丧，可能还会咬人。这一举动并非证明它们是"坏"猫，也不能说明你是"坏"人，或许只是因为你太过专注于眼前的工作，没有顾及到与它们进行交流罢了。

## 有何作用？

也许是猫咪天生的好奇心驱使它们一探究竟，想弄清楚是什么东西吸引了你的注意力。此外，还出于想待在你身边的简单愿望。

发出从远处就能听见的心满意足的咕噜声

凝视着你心不在焉的脸庞

## 猫咪为何热爱科技

有证据表明，动物的行为会受到设备发出的电磁场的影响，而设备（电脑）发热对于正想从周围环境中寻求温暖的猫咪来说颇具吸引力。此外，设备的屏幕会发出一些吸引猫咪的噪声、光亮，还会出现移动光标。

## 我该做什么?

当下:

- 虽然听起来有点冷酷,但在目前的情况下,你得暂时无视猫咪的迷人魅力。要是你打算完成工作,那么,对于它们可怜巴巴的凝视,或持续抓挠以吸引关注的举动,你都得熟视无睹。

- 要核实猫咪的需求——它们是否缺少刺激和锻炼?用玩具或拼图吸引它们的注意力(见第138—139页)。

长远来看:

- 达成妥协——允许猫咪和你一起待在房间里,但不要让它们跳到你身上或桌面上。

- 在你旁边搭建一个有趣的、让猫咪无法抗拒的安全地带。利用升高的架子、窗台或猫咪塔,铺上猫咪的毯子或你的旧毛衣,营造舒适的环境。确保让猫咪看到你在做的事。利用窗户和加热垫模仿笔记本电脑的屏幕和温度——很少有猫咪能抗拒这两样东西。然后再给猫咪弄点零食和饮用水,一切就搞定了。

翻转身体,
吸收热量

猫爪伸向你,
想要引起你的注意

85

# 我家猫咪冲我眨眼睛

*我敢肯定，我家猫咪想通过眨眼与我交流，有时是眨一只眼睛，不过大多数时候是两只眼睛一起眨。我听说这一动作被称为"猫之吻"——这是不是它们爱我的表现呢？*

## 猫咪在想什么？

假如猫咪用放松的眼神看着你，并做出一连串半眨眼的慢动作，然后眯起眼睛或干脆闭上，说明你可能刚刚获得了小猫的认可。这些"猫之吻"被比作人类微笑的猫咪版本。猫咪似乎已经破解了我们的情感密码，发现当我们把眼睛眯成半月形时，就如同它们露出真诚的微笑一样，表明心情很好，于是它们会配合我们的情绪。又或者，当它们信任我们时，就会放松下来，让通常高度警觉的眼睛休息一下，不再盯着目标（见第78—79页）。

### 猫咪互相眨眼

猫咪并非只对我们眨眼，它们也会彼此眨眼，不过目的截然不同。遇到对手时，缓慢地眨眼是在示弱，表明不想展开全面的身体对抗，而直视对方则是在对峙阶段恐吓对手的一种方式。

## 我该做什么？

当下：

- 回应猫咪的示好——缓慢眨眼是双向的，所以，猫咪对你眨眼时，你也要予以回应。
- 面部放松，不要直视猫咪，那样会显得充满敌意。
- 检查猫咪有无疼痛或感染的症状。猫咪半闭着眼睛，没有眨眼，可能是疼痛的表现（见第146—147页）。如果有一只眼睛一直闭着，或在眨眼时伴有眯眼、发红、流泪、黏液、感冒或流感症状，要赶紧去看兽医。如果不及时治疗，眼睛问题会很快恶化。

长远来看：

- 在与猫咪日常相处时增加缓慢的眨眼动作（不要对视），从而更频繁地与猫咪进行深层次的交流。
- 以猫咪的方式进行眼神交流，不要在猫咪恐惧（眨眼频率较快）、沮丧、愤怒（见第102—103页）、游戏或捕食时与它们对视。

有何作用？

猫咪冲着人"慢慢地眨眼"，说明非常信任对方。它们将之作为一种视觉方式与我们积极互动，我们可以用眨眼回应。

我们以眨眼回应，但要避免眼神对视

眯眼——缓慢眨眼是猫咪表达认可的标志性动作

猫爪不停踩奶——放松的心情触发了幼猫时期的行为记忆

# 我家猫咪讨厌我的新伴侣

我很焦虑，因为猫咪嗅到了我"出轨"的蛛丝马迹。自从我的新伴侣进了家门，猫咪就一直在躲避我们，要不就冲我们龇牙咧嘴地哈气。我应该赶走他／她（是指新伴侣，不是猫咪！）吗？

## 猫咪在想什么？

猫咪抗拒你的新伴侣，未必是因为觉得他（她）不是好人。对猫咪来说，任何陌生人出现在自己的地盘上都是件大事。猫咪生性敏感，讨厌变化，而新成员的出现会不可避免地改变原有的生活日常。你可能比以前更频繁地外出或更多地宅在家里，或者，你的新伴侣可能带了有"味道"的随身物品到你家过夜。要让你的伴侣得到猫咪的认可，他（她）就必须获取猫咪的欢心，并且愿意长期奉陪下去。这样一来，还能帮你筛选不合适的追求者。

> "
> 不要给猫咪贴上如'顽皮'或'恶毒'之类的标签——猫咪很可能只是觉得困惑和焦虑，而不是出于嫉妒，或存心让你的伴侣快速消失。
> "

## 我该做什么？

当下：

- 不要强迫猫咪与你的伴侣进行互动，也不要让你的伴侣去抓猫咪。最理想的处理方式就是不让他们之间有身体和眼神的接触，因为这可能吓到猫咪并加深其恐惧感。
- 不要用力过度——建议你的伴侣安静地坐在房间的另一边，说话舒缓平和，不要突然发出噪声或移动。
- 给猫咪接受的时间——赢得信任需要耐心和毅力。
- 交换气味（见第14—15页）——让猫咪嗅闻你的伴侣和翻查他/她的物品，因为还有大量的陌生气味需要它们逐渐适应。

长远来看：

- 确保你的伴侣对猫咪具有吸引力，从而帮助猫咪克服焦虑。让你的伴侣成为猫咪的专属大厨、小零食分发员和游戏玩伴。假如你的伴侣不乐意，那你们的恋情可能该"翻篇"了。

## 谈谈性

猫咪通过我们独特的气味感知我们激素的变化，这可能会影响它们对我们的反应。例如，有些猫咪对孕妇和哺乳期女性的反应是积极的。对异性没有经验的猫咪，或只有糟糕经历的猫咪，待在异性周围可能加重焦虑（见第18—19页）。与女性相比，男性的声音更低沉、更响亮，脚型更大，这些都可能吓到胆小的猫咪。

耳朵在恐惧和愤怒时会呈扁平状，且向后旋转

瞳孔因激动或恐惧而扩大

哈气——用声音表达不认同——露出锋利的犬齿

底盘稳固的姿势方便随时跳离或发起攻击

# 生存指南
# 假日猫咪护理

你离家外出时，只有确保猫咪安全、健康并得到妥善的照顾，你才会安心。你也希望，它们和护理者待在一起时感到放松和快乐。

## 1
### 金窝银窝不如自己的猫窝

你外出时，猫咪最好待在家里，享受它们拥有的一切物质条件。变化、笼子、汽车和猫舍里的陌生猫咪都会让它们感到压力，并且有感染病毒的风险。猫咪在自己的地盘上会更安全、更快乐。

## 2
### 猫咪保姆的标准

寻找一位能与猫咪融洽相处的宠物保姆。检查他（她）是否有证书（见第190页），是否有保险，是否有无犯罪记录证明并接受过猫咪的急救培训。优秀的猫咪保姆会希望事先与你和猫咪见面——你要查看对这位保姆的客户评论，不过，还是要让你的猫咪来做决定。

## 3
### 做好准备

储备所有常见的日常食物、零食、猫砂和药物。确保在紧急情况下可以联系到你和兽医。向保姆简要介绍猫咪可能有的怪癖——如食物不耐症、日常习惯和最喜欢的藏身之处等。

## 4
### 保持生活的常态

不要改变暖气和照明的开关时间。请猫咪保姆每天至少来你家两次，尽可能按照猫咪平时的时间吃饭、玩耍、梳洗和清理猫砂盆。

## 5
### 家居科技

虽然自动喂食器、自动猫门、自动清洁猫砂盆以及与智能手机相连的摄像头等设备都可以提供保障，但这些永远无法替代人类每天的照料。

# 我家猫咪传递的信息充满矛盾

*就像《化身博士》中具有双重人格的主人公一样，猫咪刚刚还仰面朝天让我抚摸肚子，下一刻突然就性情大变，进入可怕模式，对着我又咬又抓。*

### 猫咪在想什么？

　　看到一只貌似放松的猫咪，多情地滚来滚去，露出肚皮，很容易让你误认为这是在邀请你抚摸它。但是，猫咪的这种行为还带着警告的意味："危险，继续下去，后果自负！"实际上，猫咪在表达"我很冷静，并且足够信任你，所以把最脆弱的部分暴露给你"。绝对不是让你去触摸它。在这种情况下，有些猫咪可能会容忍你的爱抚，少数甚至

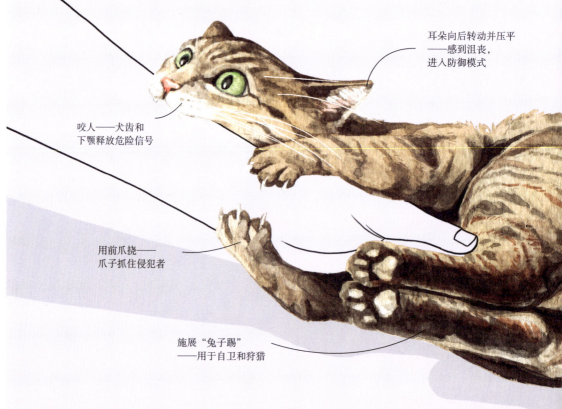

耳朵向后转动并压平
——感到沮丧，
进入防御模式

咬人——犬齿和
下颚释放危险信号

用前爪挠——
爪子抓住侵犯者

施展"兔子踢"
——用于自卫和狩猎

会很享受被你抚摸。可是，许多猫咪会迅速进入防御模式，转变的速度快得让你来不及撒手。与猫咪礼貌地互动时，关键是要让猫咪主动与你进行身体接触。别说没有警告过你！

## 我该做什么？

当下：

- 不要动，并保持安静（见第94—95页）。尽快离开，不要在猫咪焦虑的时候与它们有任何接触。
- 不要认为这种行为是出于猫咪想玩游戏。克制你的冲动，不要将其变成游戏，表现出不感兴趣的样子——在游戏时间，如果猫咪对玩具做出攻击行为，是没有问题的，但是不能针对人。

长远来看：

- 不要触摸猫咪！千万不要得寸进尺，挑起猫咪防御性的攻击反应。
- 首先你必须赢得猫咪的信任，留意猫咪传递的信号，尊重它们的意愿。如果你想看到猫咪冲你翻肚皮，你需要打持久战，多和猫咪玩游戏。
- 爱抚猫咪要区分时间和地点。把你的注意力转移到更合适的场合，并且只抚摸猫咪喜欢被触摸的"安全"部位（见第52—53页）。

猫咪的重要器官、生殖器以及腹股沟和腹部的主要动脉受到"武装"反应的保护

## 有何作用？

猫咪可能会用全身翻滚和磨蹭的方式和你打招呼，或者在嗅闻气味、伸展身体时做这个动作。露出肚皮表明它们不准备战斗，是一种信任的表现。

# 我家猫咪扑抓我的脚踝

我家那只"楼梯野兽"坐在台阶上等待着，只要我一经过，就会扑抓我的脚踝，有时甚至会追着我上楼。

## 猫咪在想什么？

猫咪在本能的驱动下会跟踪并扑向移动的猎物。问题在于，在这种情况下，你是毫无防备的。猫咪的眼睛天生便用来捕捉运动的物体。正因如此，它们才能成为出色的猎手。出于同样的原因，它们喜欢扑向羽绒被里的脚或经过楼梯的脚。

通常情况下，小猫从人类那里学习到这种类型的"猎物"是可以游戏的对象——如果它们小时候这样做，会让人觉得呆萌可爱，可是，一旦长出大牙和伤人的爪子，这种行为就不那么讨人喜欢了。如果猫咪从你的反应中得到任何"奖励"或肾上腺素激增，它就会继续这种行为，并将之作为寻求关注的伎俩。加之，假如猫咪一天中没有遇到刺激的事情，正处于沮丧之中，那么你就会遭遇完美风暴——楼梯口可怕的小野兽会突然扑向你的手或脚踝。

## 我该做什么？

当下：

- 保持冷静，不要移动——假如你尖叫，试图挣脱或逃跑，你的行为就好似真正的猎物。猫咪会觉得十分有趣，很

可能引起追逐，造成咬伤。

- 尽快将你和猫咪从该场景中抽离出来。
- 假如你的皮肤被猫咪抓破，那要赶紧冲洗干净；若有深度划痕或咬伤，要及时就医。
- 注意猫咪出现反应的时间和场景。你回家时是否沾染了新的气味？你的爱猫是否与其他猫咪关系紧张？

长远来看：

- 安排一些游戏环节，利用钓竿和激光玩具保留猫咪内心的野性，让它们安全地释放压力，而不是将你当作"猎物"对待。
- 让猫咪玩一些可以自己玩的玩具（见第46—47页、第138—139页和第182—183页）。如果可能的话，允许猫咪到户外活动（见第64—65页）。
- 不要给猫咪贴上"具有攻击性"的标签——它们很可能只是在展示一种正常的行为，可是却误把你当成"猎物"，这是一个潜在的危险信号，表明在它们的世界里，并非一切都顺心如意。
- 如果你有顾虑，就致电咨询兽医——如果这不只是捕猎般的玩耍行为，就表明猫咪可能感到疼痛或患有疾病，所以需要兽医评估和转诊。

大喊大叫或用嘘声驱赶猫咪往往
无济于事，只会给它们已经十分
复杂的情绪增添恐惧。

"

腮须呈扇形向前
——有助于辨别
"猎物"的接近程度

前爪准备触碰时，
腕须会感知到
"猎物"的移动

耳朵向前竖起，
捕捉每一种声音，
帮助精准扑击

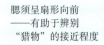

### 有何作用?

猫咪"追捕"人类通常是一种
习得行为或寻求关注的行为——
这是它们的需求没有得到满足
的危险信号。它们是否
感到孤独或无聊?

生存指南
# 孩子身边的猫咪

要经常监督你的爱猫和"猫奴二代"之间的互动，这样你就可以指导孩子们如何安全地赢得猫咪的信任，以及如何发现猫咪的不适状况。

## 1
### 明智择猫
胆小或害羞的猫咪往往不喜欢在忙碌、吵闹的家庭里生活，而冷静、爱交际、好动、胆大的猫咪则会生活得更好。在你收养小猫或猫咪之前，要了解它们与儿童相处的经历。

## 2
### 监控和引导
密切关注孩子的行为和猫咪的肢体语言至关重要。假如猫咪发火了，那是因为你没有发现它们先前不安的所有迹象（见第102—103页和第122—123页）。

## 3
### 给予尊重
要教孩子们如何尊重猫咪的选择和安全空间，在与猫咪互动前需得到你的确认。鼓励孩子们用手背轻轻地抚摸猫咪，而不是用抓、戳、逮或追的方式和猫咪互动。

## 4
### 给猫咪提供没有孩子的区域
猫咪不喜欢噪声，不喜欢玩具意外移动位置，不喜欢受到没有监管的孩子的关注。在高处给猫咪设置隐蔽处，这样它们就可以逃离喧闹的地面。给它们提供安静的"安全地带"（见第46—47页），以便在那里休息、使用猫砂盆、进食饮水时不会受到打扰。

## 5
### 创造积极的回忆
孩子们喜欢玩游戏、给动物喂食，而猫咪喜欢玩游戏和吃东西，所以可以通过钓竿玩具、泡泡和糖果来满足他们各自的需求（见第182—183页）。同样，在给孩子们讲睡前故事、看电影以及和家人享受亲密时光的时候，也可以让猫咪安静地待在同一个房间里。

# 我家猫咪跟着我去厕所

我喜欢猫咪跟着我到任何地方——我真的是指任何地方。例如我上厕所，它们也会跟过来跳到我的膝盖上；有时它们甚至会坐在我的裤子上！信息量是不是太大了？

## 猫咪在想什么？

尽管猫咪以性情冷漠和对人类饲主不感兴趣而闻名（主要在"爱狗人士"中多有此传闻），但实际上，它们对我们的所作所为十分好奇。浴室里到处都是有趣的东西，比如自来水、卷纸、冰凉的陶瓷——还有在你脱下裤子时，温暖的皮肤和布料会散发出你的味道。猫咪可能只是想要混合你与它的气味，再次确认你们的关系。

卫生间可以成为猫咪的避难所，躲避孩子们、其他宠物或脾气暴躁的成年人所制造的混乱。也许你的爱猫和你一样需要将忙碌的世界拒之门外，享受片刻的慵懒。而有些猫咪这样做只是因为讨厌被关在门外（见第118—119页）。

> "
> 卫生间可能对你没有吸引力，
> 但是凉爽、安静的环境对猫咪来说
> 充满了魅力——尤其是当你
> 也在里面的时候。
> "

## 我该做什么？

当下：

- 做出选择——你是愿意让猫咪和你一起待在卫生间，还是把它们关在外面？
- 如果你不觉得尴尬，那就让猫咪待在里面，但要确保它们的安全——不会掉到热水盆里。
- 假如你想拥有私密空间，那就得忍受猫咪的抗议。

长远来看：

准备好多任务处理！提前做好计划，这样就可以好好利用你们在一起的私人时间。假如你希望坐在马桶上观看猫咪表演，那就放弃看书，试试下面的方法：

- 如厕时安排一些游戏时间——手边放一个钓鱼竿或激光玩具。
- 猫咪很聪明，每天都在向我们学习（见第132—133页）。利用这一点，训练猫咪坐下、举起爪子或捡回东西。
- 给猫咪做个SPA——利用这段时间梳理猫咪的毛发，或来个解压的舒缓按摩。
- 好好爱抚你的猫咪，抚摸它们最喜欢的部位。

尾部翘起跟你打
招呼——"需要
暖腿神器吗？"

## 有何作用？

这可能相当于猫咪的双人
晚餐：与你共度美好时光。只不
过，猫咪对那个标注为是你的
领地的超大杯子（马桶）
感到好奇。

充满期待地
凝视——希望
你放下书本

发出响亮的咕噜声
——希望趴到你膝上

# 我家猫咪是个小偷

我家猫咪总是忍不住要偷袜子、毛绒玩具、橡皮筋，甚至洗澡用的海绵。它们一边把这些东西叼在嘴里，一边叫唤。它们是"寻回猫"，还是认为这些东西是幼崽呢？

## 猫咪在想什么？

猫咪开始从家里随意地叼取东西时，似乎失去了理智。这不太可能是因为你人品好，所以猫咪要把它送给你作为"答谢礼"。更合理的解释是，这是猫咪表现捕猎本能的奇特方式，即使实际上并没有真正的猎物。有时，当天捕获的是一个玩具，它们可能会把它藏在自己最喜欢的地方。有些母猫会不时地改变藏匿地点，就像它们转移一窝小猫一样。

也许我们会给猫咪的这种行为贴上盗窃的标签，因为这些东西似乎是被偷偷衔走的，是在行动中丢失的，又或者在奇怪的地方重新出现。然而这种行为

### 猫咪为何进行声乐表演？

猫咪独特的叫声——喵呜（嗷呜）是在传达完成了一次猎捕的信息。几千年来，甚至直到20世纪70年代，猫咪对人类的价值都取决于它们的狩猎能力。通过大声宣告自己猎杀了啮齿类动物，它们可能会得到主人的表扬或美味的食物作为奖励。

情有可原，因为猫咪的大多数狩猎活动发生在黄昏和黎明之间，而这段时间我们往往心不在焉，或正在睡觉。

## 我该做什么？

当下：

- 如果你对猫咪表现出的这种自然行为没有意见，那就抚摸它，以表示认可。
- 如果你想阻止这种行为，那就对这一行为视而不见——即使猫咪把你的内衣拖到大庭广众之下。永远不要因为猫咪的"罪行"而训斥或惩罚它们。

长远来看：

- 发挥它们的优势，通过玩游戏挖掘它们内心的捕猎欲望，使用它们可以猎取和捕获的玩具——最好带有它们喜欢的质地或气味。
- 利用其他物品重新引导猫咪的行为，例如，你可以捐出一双用过的旧袜子，并在袜子的脚趾处放上猫薄荷，让猫咪感觉更刺激。
- 通过让猫咪收捡你的脏衣服来减少它们"偷窃"的机会！

## 有何作用?

猫咪生来就会用嘴衔着两样东西——幼崽和猎物。你的袜子也许会被猫咪当成"猎杀成果"衔到它们领地上的安全地带。

"
你的小猫窃贼很可能会在天色变暗的时候开始行动，也许是在你出城后，也许是在你熟睡之时。
"

眼睛由于得到"狩猎"的锻炼和兴奋而闪闪发亮

下颌夹紧，以防猎物"挣扎"

发出"嗷呜"之声——独特而有点沉闷的喵呜声

"猎物"上往往带有你的气味

**10**
**身体攻击**
直视、猛击、掌击（伸爪）、扑住目标

**9**
**叫声**
嘶嘶声、咆哮声、号叫声

**8**
**毛发好似"触电"**
毛发竖起、皮肤抽动，好似"万圣节"的猫咪

**7**
**尾巴**
抽动、摇摆或拍打，可能会逐渐松上扬

**6**
**耳朵（抑郁）**
旋转向后，呈现"蝙蝠侠"状+/-轻轻抖动

# 生存指南
# 暴躁猫的表现

没有"好斗的"猫咪或"精神失常"的猫咪，甚至没有"脾气暴躁"的猫咪，只有感觉受到威胁的猫咪。在被恐惧攫住时，我们都会依照本能行动，出手反击是最后不得已的手段——一种应对负面情绪风暴的生存策略。

## 不要释放"暴躁"猫咪

兽医最清楚，在猫咪恐惧、痛苦或生病的时候，试图违背它们的意愿亲近它们，会触发它们不稳定的情绪（见第30—31页）。如果你忽视了猫咪受惊的迹象（见第122—123页），过不了多久，猫咪的恐惧就会变成沮丧，沮丧变成愤怒，进而出现"暴躁"猫咪。在你意识到这一点之前，赶紧带猫咪去看急诊。让兽医检查猫咪"暴躁"是否因为疼痛或疾病，并请兽医给出健康建议。

绷紧、舔鼻、吞咽次数增加

**4 耳朵（恐惧）**
侧向两边拉平，呈现"飞机"状

**3 眼睛**
瞳孔扩大，眨眼频率增加，回避眼神接触

**2 姿势**
蜷缩着，低腾着，近身体，爪子牢牢抓住地面

**1 僵住不动**
跑不掉也躲不了，警惕、紧张、颤抖

## 螺旋弹簧

用我的"螺旋弹簧"来打比喻，最容易理解事情是如何失控的。紧张的猫咪就像紧紧绷的弹簧，如果被通得太紧，就会在瞬间爆发，冲你释放所有积聚的能量！弹簧的每一圈都代表一次被你忽略的猫咪的行为或声音抗议。并非所有猫咪都会在任何时候按照严格顺序表现出这些迹象——它们出现的速度快如闪电，所以现在不是眨眼的时候。

## 学到了糟糕的方式

有些猫咪在与人类相处的糟糕经历中学会了。暴力才是解决之道。或者说，至少暴力能让人们停止对猫咪所做的事情，而且以后会三思而后行。如果我们在行动前思考一番，就可以省去很多麻烦。

## 压缩弹簧

弹簧的每个轮线圈都显示出一些线索（见第12—13页），一只内心感到害怕的猫咪（1—4）已经变得焦躁和沮丧（5—9）。当各种情绪混合在一起，最终导致了"暴躁"猫（10）的出现。

# 我家猫咪不会讨好人

*每次我回到家，我家狗狗就会热情地跑到门口迎接我，而我家猫咪连眼睛都懒得睁开——直到我把食物罐头摇得嘎嘎作响，它才有所行动。*

## 猫咪在想什么？

　　虽然有些猫咪非常深情，但有些却不怎么情感外露。猫咪可能很高兴看到你回家，但这不足以让它们缩短小睡时间，从舒适温暖的猫窝里走出来迎接你。别忘了，几千年来，猫科动物并没有培育得像狗狗那样为我们工作或陪伴我们。猫咪被人类引入室内驯养的时间只有大约150年，所以它们不善于解读我们的肢体语言，对我们的一举一动也不感兴趣。它们不知道我们需要它们的尊重——它们当然也不在乎我们的尊重！

## 有何作用？

宠物猫可能依赖我们提供生活必需品，但它们依然拥有自由的灵魂。它们取悦自己的内在动力并非出于傲慢，而是一种生存本能。

四肢伸开，让身体尽可能舒适

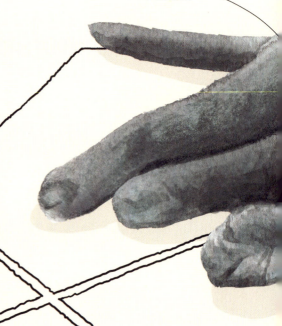

## 独行侠

猫咪是猎手，天生就会独自生存——照顾其他生物于它们无利，除非是哺育自己的后代。宠物猫在不同程度上超越了野性特质。有些猫咪会与我们、其他猫咪，甚至与狗狗进行社交并建立联系，不过，这在很大程度上取决于猫咪的基因、品种、性情和经历。

## 我该做什么?

当下:

- 尊重猫咪的需求和愿望。按照它们能接受的方式进行互动,让它们尽情享受应有的休憩时光。

- 如果以前没有出现过这种情况,就得带猫咪去兽医那里检查一下。嗜睡、抑郁、不愿互动或躲藏都可能是猫咪感到焦虑、疼痛或不适的迹象(见第122—123页、第146—147页和第164—165)。

长远来看:

- 虽然有些猫咪会像外向的、摇尾巴的小动物(即狗狗)那样热情地迎接主人回家,但很多猫咪的亲昵举动要含蓄得多。你不妨注意寻找猫咪"示爱"的蛛丝马迹,如发出颤音、喵喵声、咕噜声、与你触碰头,或磨蹭你。

- 无论你何时回家,记得要用小零食或游戏吸引猫咪来找你玩(见第132—133页)。这样一来,它们可能会对你的归来产生新的认识。

- 安排一些高质量的、与猫咪独处的时间。

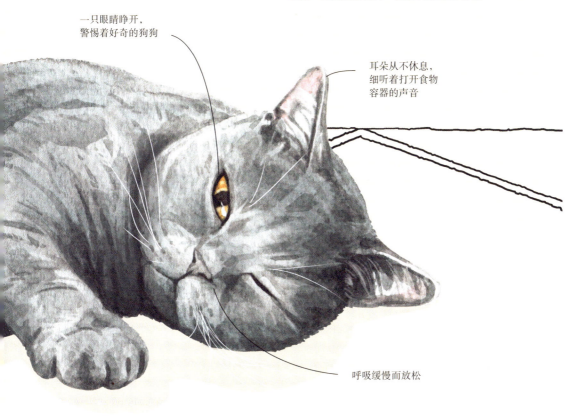

一只眼睛睁开,警惕着好奇的狗狗

耳朵从不休息,细听着打开食物容器的声音

呼吸缓慢而放松

# 我家猫咪让我抓狂！

我们都爱自家的猫咪，可有时
它们的所作所为实在让人恼火。
唯有保持开放的心态，找出它们恼人
行为背后的本能和情感动机，
才能解决问题，
从而提升猫咪的幸福感。

# 我家猫咪凌晨4点就要玩耍

我家猫咪一整天都很悠闲，可是到了凌晨时分，突然决定开始玩耍，还要吃早餐。怎样处理这样的情况，让我安心睡觉呢？

## 猫咪在想什么？

猫咪的祖先生活在沙漠地带，一直以来，它们都是在傍晚至次日清晨之间最为活跃，因为这段时间气温较低，猎物（啮齿动物）最有可能在附近出没。虽然和人类一起生活后，猫咪的活动模式已经变得接近人类，但它们还是在这段时间内最活跃。而且，由于它们精力充沛，所以也想让你加入其中共享乐趣，这似乎合情合理。假如你家猫咪感到无聊或沮丧，可能会指望从你这里得到娱乐。也许有时候，在你迷迷糊糊回床上睡觉之前，会给它们一些食物以分散它们的注意力。如果真是这样，那么猫咪会理所当然地认为，凌晨4点钟吃零食并非没有可能。

## 我该做什么？

当下：

- 不要与猫咪进行任何互动——即使是驱赶它们的嘘声，对它们而言都是鼓励性的回应。你需要让猫咪知道，它们的行为不会带来任何好处。这样做也许不容易，但会让你重获重要的睡眠，所以，要坚持你的立场。

长远来看：

- 在你睡觉前额外安排一两个小时陪伴猫咪玩耍。让它们实现一次完整的狩猎、跟踪体验（见第70—71页），得

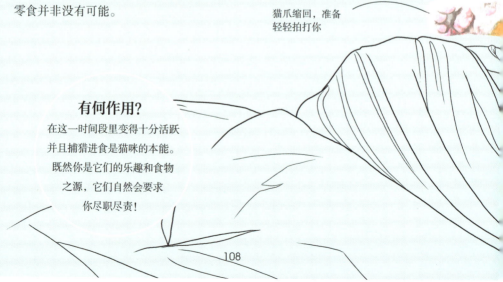

猫爪缩回，准备
轻轻拍打你

## 有何作用？

在这一时间段里变得十分活跃并且捕猎进食是猫咪的本能。既然你是它们的乐趣和食物之源，它们自然会要求你尽职尽责！

到充满趣味的身体锻炼。以5—10分钟的剧烈游戏为准，假如它们对此十分热衷，则可重复进行，但要逐渐减少游戏时间，否则就有可能让猫咪一直处于亢奋状态。

• 游戏结束后给猫咪喂一顿饭。如果你通常一天喂它两次，那就将同样数量的食物至少分成五次来喂。

• 猫咪喜欢有规律的生活。你安排它吃饭、梳洗、玩耍和睡觉的时间越有规律，它就越有可能感到安心并遵循你所喜欢的日程安排。

"

对于这些深夜的恶作剧，没有一蹴而就的解决方法——但是，只要坚持不去理它们，你就能再次入睡。

"

全神贯注地昂起头——等待你的反应

尾巴放松，但很有活力

# 我家猫咪太过贪婪

我家猫咪会以最快速度狼吞虎咽地吃掉自己的食物，然后去抢另一只猫咪的食粮。吃得慢的猫咪败下阵来，气呼呼地走开了。这是猫咪患有错失恐惧症（FOMO）的案例吗？

## 有何作用？

猫咪是单打独斗的猎手和机会主义进食者；它们不是天生的分享者，只要有吃的，就可能马上吃掉。这一切都是为了适者生存。

## 猫咪在想什么？

猫咪的消化系统适合每隔几小时就吃一份老鼠般大小的食物。换作你是猫，只有忙碌的人类想起想给你喂食时才有的吃，那么你也会狼吞虎咽的。在猫咪的世界里没有餐桌礼仪，所以任何能吃的食物都会被视为己有。

吃东西是件私事，会让猫咪觉得容易受到攻击。所以，如果被别的猫咪一直盯着看，即使是胆小的兄弟姐妹，也会让猫咪感觉到威胁。因此，猫咪将进食时间变成了一场比赛——谁吃得最快，谁就赢，或者吃完后又吐出来，不过那是另一回事了（见第166—167页）。

## 我该做什么？

当下：

- 确保你家里的每只猫咪都得到需要的食物。喂养不足和喂养过度都可能会引发一些问题（见第160–161页）。

长远来看：

- 让猫咪在用餐时间远离彼此，这样能让它们更有安全感，也能最大限度地减少狼吞虎咽和争抢食物的情况。要是你把它们关在不同的房间里进食，那么要设置好时间，记得15分钟后给它们开门。

- 智能感应喂食器可以设定为特定的猫咪打开，并在猫咪离开后自动关闭。这有助于确保猫咪没有抢食之忧，而且它们还可以按照自己的意愿随时取食。

- 按照猫咪的自然习性规律地喂食，从而安定猫咪的情绪，减少沮丧感。理想的进食次数是每天五顿或五顿以上，所以定时喂食碗和益智喂食器的确可以帮助解决这个问题。

> "
> 食欲增加可能是糖尿病、甲状腺功能亢进、肠道疾病和寄生虫等疾病的信号——该预约兽医进行检查了。
> "

## 饥饿游戏

　　有些猫咪在错过了一餐之后，想要得到另一餐时，就会出现"饿怒症"。眼睛紧盯着食物，阻止其他猫咪靠近，去其他猫碗里争食，就像买咖啡时硬挤到前面插队一样。

皮肤因沮丧和竞争性肾上腺素而抽搐不已

耳朵像"蝙蝠侠"——猫碗太近，虽然感觉不太舒服，但无法抵抗食物的诱惑

快速清空了自己的食盆

在另一只猫回来前，风卷残云地"偷"吃掉碗里的食物

111

生存指南
# 介绍新宠物

猫咪可以和其他猫咪，甚至和狗狗成为最好的朋友，但第一印象至关重要。所以，你要确保宠物们的第一次接触十分顺利，为后续建立更友好的长期关系铺平道路。

## 1
### 脾性对立不相吸
要根据宠物们的性情、能量水平和社交技能进行匹配，而不是根据宠物的外貌或你的个人喜好。同时，还要考虑新宠物是否会构成潜在的掠夺性威胁或引发冲突。

## 2
### 适度隔离
优化家猫的栖居地，一开始要将宠物分开，让每个宠物都有自己的"安全地带"（见第126—127页）。在你无法监督时，或其中任何一只宠物表现出恐惧或愤怒时，把它们分开。

## 3
### 慢慢适应
首先，要让宠物交换气味（见第14—15页）。然后在一扇紧闭的门的两边给每只宠物单独喂食。重复几次之后，利用网状屏风或宠物门让它们看到彼此。你要全程监督，直到它们无须隔着障碍物也能放松进食为止。

## 4
### 管好你的狗狗
当猫咪在宠物门的另一边和狗狗互动时，要给狗狗套上狗绳，不要让狗狗猛扑过去。训练它们冷静平和，保持距离。用玩具或零食分散它们的注意力，把注意力引到你身上。对于表现冷静的一方，要进行表扬，奖励更多的零食。

## 5
### 耐心和尊重
在介绍新宠物的过程中，不要强迫、限制猫咪，或将它关入笼中。要给它准备好轻松的逃生路线。猫咪会记住糟糕的经历，这些经历会影响它未来和其他宠物的互动。仔细观察猫咪的肢体语言。不要太着急，要让猫咪自己慢慢接纳——这个适应的过程可能不只是短短几天而已，有时需要数周或数月。

# 我家猫咪会欺负狗狗

我家狗狗真是个胆小鬼！只要我家猫咪"给它一个眼神"，它就会
立刻让出舒适的狗窝。获胜的猫咪随后就在温暖的窝里安顿下来。

### 猫咪在想什么？

　　猫咪不是"恶霸"——它们可不是
想打败任何人，即使是讨厌的狗狗。猫
咪天生就将狗狗视为捕食者，而狗狗则
天生把猫咪视为猎物，所以它们之间必
然会发生冲突，尤其在争夺舒适的睡觉
地点时。在猫咪的眼中，整个家都是它
的地盘——包括狗窝。它怎么会不想把

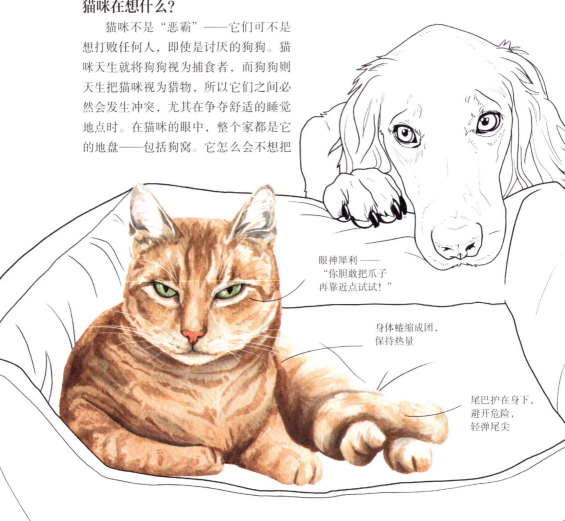

眼神犀利——
"你胆敢把爪子
再靠近点试试！"

身体蜷缩成团，
保持热量

尾巴护在身下，
避开危险，
轻弹尾尖

体疼痛而无法回猫窝和沙发（见第146—147页）？

长远来看：

- 要不吝赞扬和奖励猫狗之间的所有积极互动。
- 多给猫咪提供一些理想的打盹之地，包括高一点的位置，这样它们就有可躲藏的地方了。
- 使用适合猫咪的宠物门来减少紧张情绪，防止出现追逐"游戏"，并要保证猫咪有轻松逃跑的路线。

> "
> 虽然狗是猫的天敌，但只要双方相识的途径得当，性情温顺的狗狗和猫咪是可以在一定程度上和谐共处的（见第112—113页）。
> "

猫爪放在温暖舒适的地方呢？在学会解读狗狗的行为模式之后，聪明的猫咪获得了信心，坚守阵地，不再像早期那样逃走或吓得僵住不动。现在，它们不用哈气或伸出爪子作势打狗狗，只需简单地施展"盯功"，就能拿下那个抢手的位置。狗狗不像看起来那么傻，它应该也记得，取代猫咪的位置后果会很严重。

## 我该做什么？

当下：

- 避免对猫咪进行身体干预，否则你可能会使眼前的危险情形变得不可收拾。用食物或玩具将猫咪引开，腾出窝让狗狗回去。
- 分析一下那个特定地点吸引猫咪的原因。是因为位于暖气片旁还是窗户边？你是否可以将猫窝搬到同样能吸引它的地方（见第54—55页）？或者，猫咪是由于身

### 与猫咪和谐相处的狗狗

猫狗许多时候都会打架，至少在最初相识的阶段——而且，通常来看，猫咪的处境会更糟糕。所有狗狗都有捕杀猎物的天性，但是，如㹴犬和猎犬等品种会本能地追逐和撕咬移动的毛茸茸的小东西，所以它们不适合与猫咪共处。其他犬种可以学会与猫咪共处一室，有些甚至会很享受，特别是从幼猫和幼犬时期就彼此相识、一起长大的猫咪。寻回犬和贵宾犬等品种更有可能与猫咪友好相处，不过，也要取决于狗狗各自的性情和成长经历。

# 我家猫咪有异食癖

*我家猫咪最喜欢的消遣是吮吸我的羊毛套衫和羊毛浴袍，甚至还咬过笔记本电脑的电源线！*

## 有何作用？

这种行为可以实现许多功能，从消减无聊到自我安慰或缓解牙痛，因此你可能需要进一步研究。

## 猫咪在想什么？

这种行为可能是猫咪无聊或紧张的表现（见第122—123页）。对于处在换牙期的幼猫、患有牙龈疾病或长有蛀牙的猫咪，也可能是疼痛的表现。

这通常是猫咪对幼年生活的一种回归。不到八周大的小猫，从猫妈妈身边被带走后，仍然保留了吮吸的本能，它们经常会像吮吸乳头那样吮吸东西，并从中获得安慰，就像吮吸拇指的婴儿一样。

有些猫咪可能患有仪式性行为或强迫症。营养缺乏或患病的猫咪会出现饥饿感和"异食癖"（强迫性进食异物）。通常情况下，咀嚼和吮吸对猫咪无害，还能起到舒缓情绪的作用。但也可能会造成伤害，特别是如果猫咪啃咬通电的电线。另外，吞食塑料、纸张或胶带等物品也可能导致猫咪的口腔和/或肠道受损或肠道阻塞。

## 我该做什么？

当下：

- 随它们去吧——冲着猫咪大喊大叫只会吓到它们，而不能阻止它们的行为。给猫咪增加负面情绪会加剧应激反应。
- 如果猫咪正在啃咬的物品很昂贵或很危险，甚至猫咪想要将其吞下，不妨用玩具或食物引诱它们离开——但要注意，不要奖励你想要阻止的行为。

长远来看：

- 找兽医就诊，排除患病的可能性。
- 把你不想让猫咪啃咬的东西收起来，或在上面喷洒安全但味道难闻的苦苹果喷雾来阻止它。

- 仿制猫咪最喜欢舔咬的目标，作为安全的替代品，如毛绒玩具、旧的羊毛睡衣。用信息素或猫薄荷增加替代品的吸引力。
- 通过定期玩游戏、更换玩具来保持猫咪的新鲜感，以及使用益智拼图喂食器等减少猫咪的无聊感（见第138—139页）。

### 一切都是基因使然吗？

一些猫科品种，如伯曼猫和暹罗猫，天生就喜欢吮吸和咀嚼无生命物体，尤其是羊毛制品。这种行为可能是物品的质地、味道或气味触发的。

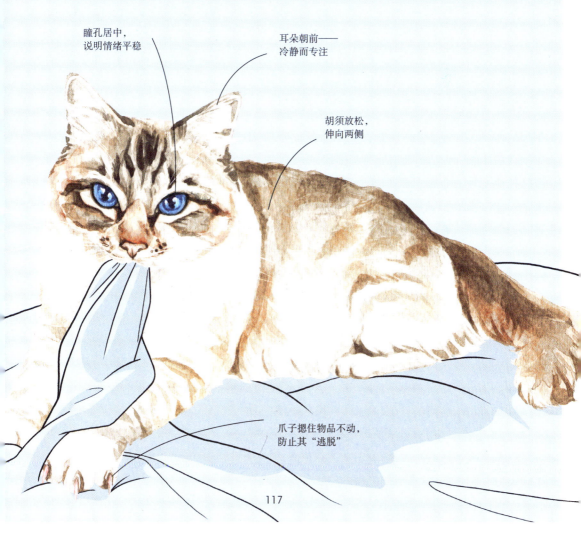

瞳孔居中，
说明情绪平稳

耳朵朝前——
冷静而专注

胡须放松，
伸向两侧

爪子摁住物品不动，
防止其"逃脱"

117

# 我家猫咪讨厌紧闭的房门

*只要我把门关上，我家猫咪就会变成首席女高音。它会不停地喵喵尖叫，直到我把房门打开。然后漫不经心地把头探进来，嗅闻几下，又施施然朝相反的方向溜达去了。*

## 猫咪在想什么？

想想你见过的最爱管闲事的控制狂，想象一下他/她被迫与一个不懂自己语言的人生活在一起，完全脱离了舒适区。这就是家猫的困境。因此，不难理解为何猫咪如此关注你在哪里以及你在做什么，尤其是你关上房门的时候。

猫咪天性好奇，尤其是对没见过或特别的东西。它们喜欢有选择，喜欢四平八稳的生活，希望一切尽在掌控之下。你的家是它们的领地，它们自然要事无巨细地管理你家里发生的一切。

猫咪不会读心术。你可能知道房门很快会再次打开，但猫咪并不会意识到这只是一个暂时的障碍。在它们看来，这是一个永久性的障碍，扰乱了它们的日常生活，破坏了它们的控制感和安全感。这就像我们一觉醒来，发现有人在客厅里筑起一堵墙。

## 我该做什么？

当下：

- 不要驱赶猫咪作为惩罚，也不要给它开门作为奖励，否则，它会重复这一行为以引起你的关注。

- 要考虑当下环境和动机：如果是单猫家庭，猫咪可能觉得自己被抛弃了；如果是多猫家庭，猫咪会因共同领地面积的缩小而感到不安。

长远来看：

- 要像猫咪一样思考，尽量避免关门。

- 假如关门是出于安全或隐私的考量，那就要提前将猫咪从门口引开，或在其他地方设一个对猫咪有吸引力的庇护所（见第126—127页）。

- 通过丰富猫咪的领地，消除它们的担忧。

- 确保关上的房门不会切断猫咪通往猫砂盆、水源、食物和最爱的打盹地的通道。

- 要阻止猫咪抓破房门（见第134—135页）。

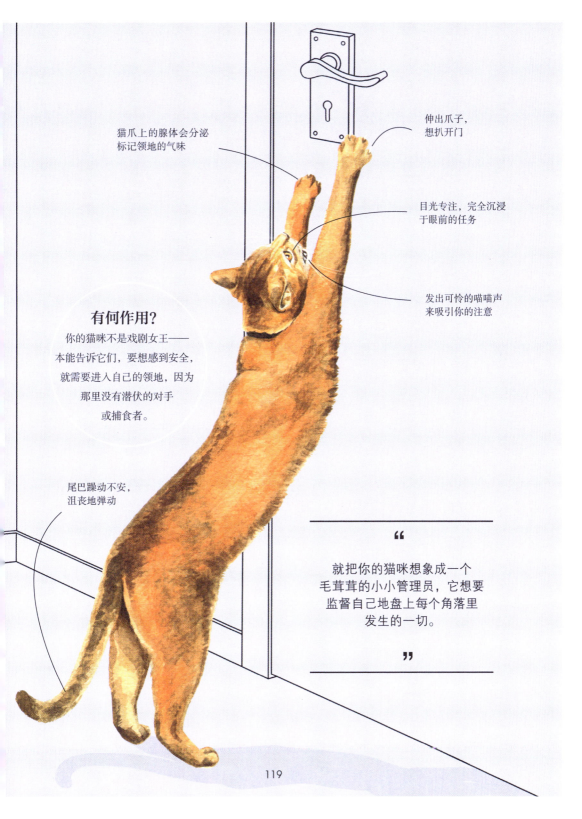

猫爪上的腺体会分泌
标记领地的气味

伸出爪子，
想扒开门

目光专注，完全沉浸
于眼前的任务

发出可怜的喵喵声
来吸引你的注意

## 有何作用？

你的猫咪不是戏剧女王——
本能告诉它们，要想感到安全，
就需要进入自己的领地，因为
那里没有潜伏的对手
或捕食者。

尾巴躁动不安，
沮丧地弹动

"

就把你的猫咪想象成一个
毛茸茸的小小管理员，它想要
监督自己地盘上每个角落里
发生的一切。

"

# 我家猫咪在屋里四处撒尿

我家客厅里有一股猫尿的臭味！奇怪的是，罪魁祸首是一只做过绝育的母猫——它冲着玻璃门和新窗帘撒尿时，被我抓了个正着。#必须叫停

## 有何作用？

野猫喷洒尿液以标记自己的领地，这是一种避免发生肢体冲突的社交距离策略——尿渍会留下来，所以主人无须亲自待在领地。

## 猫咪在想什么？

猫咪撒尿就像帮派涂鸦一样，是为了在暂时走开的时候标记自己的领地，避免与竞争对手展开全面战斗。尿液还能向潜在的伴侣展示自己的活力和性需求。尿液的新鲜程度表明了这位猫咪"标签艺术家"上次出现在此处的时间。通常来说，这是未绝育的公猫才有的行为，母猫偶尔也会做出这种举动。

猫咪撒尿的背景信息很关键。一只做过绝育的猫咪在室内撒尿，是在讲述自己不快乐、有压力或患了病。当多只猫咪共享一个空间时，往往更易出现这样的行为——猫咪越多，意味着压力越大，越有可能喷出芳香的壁画。而尿印又会造成更多的压力，所以，这是一个恶性循环。

## 我该做什么？

当下：

• 保持冷静——如果你的猫咪已经惴惴不安，要是你再大发雷霆，会加重它们的忧虑。不管你有多生气，揭开它们的疮疤是不友善的，也不礼貌，而且于事无补。

• 快速将猫咪的尿液清理干净——即使是残留的尿味也会引来猫咪继续撒尿，并对其他猫咪构成威胁，可能导致它们在混合物中添上自己的"标签"。紫外线能检测出遗留下的尿迹和尿渍的全部范围。不要使用对猫咪来说闻起来像猫尿的漂白剂和含氨的清洁剂，以及对猫咪有毒的含酚的清洁剂。生物洗衣粉效果最佳。

长远来看：

• 优先考虑兽医检查——每三只在家里撒尿的猫咪中就有一只出现健康问题。

• 找出造成猫咪压力的原因或产生冲突的根源，例如环境有变化或缺乏控制权。看看猫咪的世界里有哪些方面可以改善（见第46—47页）。

• 调换一下"窗口电视"频道（具体做法见第54—55页）。

## 猫咪犯罪现场调查

是时候变身侦探来解决这起猫咪的犯罪案件了。假如猫咪表现出紧张，通常是由于它们的领地受到了威胁。邻居家的"反社会行为猫（ASBO猫）"是头号嫌犯，所以要查看家里所有的监控录像。多猫家庭可能危机四伏——兄弟姐妹之间的竞争或冲突往往是微妙、无声的。

尾巴抖动——甩掉尿液，呈立正状

站立（不是蹲着），后腿向上抬起，瞄准目标

锁定目标——你家的新窗帘

后爪上下踩踏

## 高级观猫指南

# 猫咪受惊后的表现

恐惧是面对危险的正常反应。不过，假如你家猫咪经常表现出以下部分或全部行为，它们也许正处于持续的恐惧或焦虑中——这是由于遗传、早期生活经历或压力环境造成的。如果真是如此，那你现在就得好好评估一下猫咪的栖居地，设法让它们放松下来（见第46—47页）。

### 吓得不敢动

受到惊吓的猫咪会抑制自己的动作以免被发现。它们绷紧肌肉，伏下身子，让自己看起来更小，同时保护脆弱的腹部。头部和尾巴蜷缩在一起，猫爪紧抓地面，为逃跑或躲藏做好准备。不要觉得静止不动的猫咪根本不担心当下发生的事情。若被逼到角落或被抓住而无法逃跑，猫咪会十分沮丧（见第102—103页）。

### 恐惧的样子

处于焦虑或恐惧状态的猫咪总是全神贯注。通常它们会更频繁地眨眼，会瞳孔放大盯着目标看，以便在计划下一步行动时及时发现威胁。有些猫咪则会转移视线以显得不那么具有威胁性；还有一些猫咪为了不被发现，强迫自己闭上眼睛。"飞机耳"向侧下方展平，可以独立转动，追踪可怕的声音。

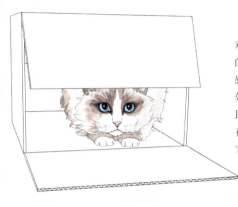

### 躲藏起来

对于受惊的猫咪而言，让那些陌生或可怕的东西从视野中消失会让它们更有安全感。狭小的空间或高处是很好的藏身之处，难以靠近的、黑暗的、安静的地方有助于安抚猫咪敏锐的感官。假如你的爱猫在这些地方待了很长时间，很可能是因为它们对自己世界中的某些东西感到不安。

### 过度警觉

当猫咪的所有感官都被激发后，它们会很容易受到惊吓，任何风吹草动都有可能让它们疯狂地四处乱窜。对一些猫咪来说，置身危险边缘已经成为生活常态。下次在你认为小猫睡着的时候，不妨凑近它观察一下——假如看到它双眼紧闭，眼角皱起，说明它仍然处于"戒备"状态。

### "问题"行为

家里的猫咪出现焦虑情绪会让人心烦不已，但其实，许多让你觉得抓狂，或让你觉得它也许有病的行为——如抓挠地毯、尿湿羽绒被、在门垫上便便——都表明猫咪的生存世界并非像你想象的那么轻松自在。猫砂盆不足，紧闭的房门，嘈杂的音乐，没有抓挠物，总是躲不开家里那个爱扯猫尾巴的蹒跚学步的孩子，这些都会降低猫咪的幸福感。

# 我家猫咪有第六感

不知何故，猫咪竟然知道给它除蚤治疗的时间。因为，只要把包包拿出来，它就会立刻躲起来。除蚤又不会伤害它，为什么会有如此大的反应呢？

**有何作用？**

猫咪天生控制欲强，再加上敏感的鼻子以及过去的负面联想，它们会努力避开任何可怕的事件。

## 猫咪在想什么？

凭借敏锐的观察力，猫咪非常善于捕捉即将发生可怕事件的蛛丝马迹——无论是每月一次的除蚤治疗，还是出门看兽医之行，抑或是用真空吸尘器清洁卫生，它都能预先知晓。以除蚤治疗为例，你的肢体语言，以及除蚤包和瓶子的独特外观和响声，对它而言绝对是不祥之兆，可能会促使它立刻逃跑。要是跳蚤治疗溶液沾到猫咪的伤口或伤口附近，猫咪会感觉到冰冷、发臭和刺痛——假如猫咪曾无意中尝过味道（这是不可取的），毫无疑问，它的所有感官都会对此留下持久的印象。

## 我该做什么？

• 提前做好准备，尽可能让猫咪没有压力地面对任何不愉快的事情。例如，给猫咪做除蚤治疗之前，在另外一个房间打开除蚤包、取出移液器，并弄清楚需要用药的确切位置。你用吸尘器清扫房间时让猫咪待在另一个房间。假如要出门看兽医，请见第150—151页。

• 假如你需要抓住猫咪或让其不要动弹，首先你得保持冷静，说话要柔和舒缓，同时小心猫咪锋利的爪子和牙齿！一条大毛巾和一个帮手可以使整个过程进行得更快、更顺利。

• 通过抚摸和零食让猫咪产生积极的联想，鼓励猫咪安静地配合你。

### 僵住不动也是一种反应

我们往往会将注意力放在猫咪应对感知到的威胁时主动采取的生存策略上——战斗、逃跑、躁动或昏厥——然而，受惊的猫咪经常会僵住不动。千万不要因为猫咪没有抗拒就认为它们能很好地应对紧张。猫咪蜷缩不动、躲藏起来和保持静止都是为了避免被发现和发生对抗。

> "
> 不要试图在猫咪身上使用狗用
> 除蚤产品，也不要使用大蒜和
> 茶树等天然成分，因为它们
> 对猫咪是有毒的。
> "

吓得呆若木鸡，
蜷缩起来避免被看到

耳朵立起、不停抖动，
细听是否有危险

眼睛瞪大，瞳孔扩大，最大
限度地寻找可能的逃生路线

生存指南

# 搬家

日常生活被打乱，失去了熟悉的舒适感，加上主人过度紧张，这一切足以让任何一只猫咪陷入混乱！提前做好计划，是搬家时让猫咪有安全感的关键。

## 1
### 做好准备
在搬家前几周，检查猫咪最近是否接种了疫苗，并将新家的联系方式告知兽医、宠物保险公司和微芯片供应商。

## 2
### 保持冷静
通过给猫咪服用镇静补充剂或使用插入式信息素扩散器来预防猫咪产生压力。在搬家这个重要日子前几周就开始使用，效果最佳。

## 3
### 设立"安全室"
将食物、水、猫砂盆、被褥、玩具和宠物箱布置成一个避难所。在门口挂上"请勿入内"的牌子，搬家前让猫咪在里面待24小时，远离收拾东西的混乱景象。

## 4
### 复制平静氛围
如果你在搬家前就可以进入新家，不妨在新家为猫咪准备一个庇护所，让它直接进入其中。如果没有，就让猫咪暂时安全地待在猫笼里，等你布置好庇护所后再放它们进去。

## 5
### 安顿下来
你打开行李后立即把从旧房子带来的毯子、窗帘或垫褥铺在新家具上；几个星期后，新家闻起来就熟悉且温馨了。

## 6
### 给予探索的时间
让猫咪按照自己的节奏探索新家，允许它们随时进入"安全室"。对于户外的猫咪，请见第62—63页，了解第一次让它们外出应该怎么做。

# 我家猫咪进食弄得一团糟

猫咪在吃东西之前会把食物放到地上，把猫碗周围和墙上弄得一团糟，就像家里有一个蹒跚学步的孩子！

## 有何作用？

猫咪学会了舔食碗里精致的、预先切好的肉块，但内心深处的野性却催促它们去抓住、摇晃、撕扯、切开猎物。

舌头正在清理口腔周围的"猎物"碎屑

头部倾斜着咀嚼，用更大力气咀嚼较硬的食物

窄而深的食碗可能会使猫咪的胡须受到过度刺激

"长毛围兜"会沾到食物，难以清洁

## 猫咪在想什么？

如果顺应自然本性，猫咪会狼吞虎咽地吃掉一只老鼠或拔掉一只鸟的羽毛，而不是优雅地从瓷碗中挑肉块吃。野外没有食碗，让猫咪在碗里进食更多是为了方便我们。

味道和触感是重点。不过，食碗上残留的洗涤剂以及其他因素可能会让猫咪感官超载，不想在碗里进食。

## 我该做什么？

当下：

• 让它们继续吃吧，吃完再擦拭干净。

### 感官超载

猫咪的胡须对触碰很敏感，耳朵对噪声很敏感（见第16—17页），所以猫咪在进食时，深边碗搭上项圈标牌或铃铛可能会让它们感到恼火、不舒服。同样地，牙齿上裸露的神经末梢让它们不会喜欢冰箱里的冷冻食物，也不喜欢不断碰撞陶瓷碗、玻璃碗或金属碗。难怪有些猫咪会感到沮丧，转而回到大自然原来的食碗——地板上进食。

长远来看：

• 定期观察猫咪的进食过程，了解它们的进食"规律"，从而尽早发现猫咪疼痛的早期征兆。猫咪抓握不住食物、过度或夸张地弹舌、歪头和磨牙都可能是口腔、脊椎或消化系统疼痛造成的。

• 将猫咪的餐具升级为宽边浅口碗或托盘。在碗下面放一个塑料垫，便于清理。

• 使用硅胶碗，不要用传统的陶瓷碗或金属碗，因为硅胶碗对牙齿更温和、不易破碎，还能放进洗碗机或微波炉。

• 清洗食碗时不要使用香味浓郁的洗涤剂，同时要彻底冲洗干净。

• 重新利用旧浴垫——有些猫咪觉得在粗糙的或有纹理的垫子上吃干粮或宠物食品更自在，而且，你只要每周将浴垫扔进洗衣机清洗即可。

# 我家猫咪不愿意使用猫门

我满足了猫咪的每一个突发奇想，甚至在它拒绝使用完美无缺的猫门时，我也会为它开门#太娇贵不愿使力。

## 有何作用？

使用猫门是一种后天习得的行为，不是猫咪的本能。不过猫咪也学会了：只要冲着管家（你！）简单地喵喵几声，门就会打开。

## 猫咪在想什么？

对于被允许外出活动的猫咪而言，猫门很实用，但是穿过猫门会让猫咪暂时变得容易受到攻击。潜伏的竞争对手，甚至只是其他猫咪的气味都好像颇具威胁性，而猫门尺寸太小、高度不合适或两侧高低不平，都会让猫咪感到不舒服，甚至很痛苦，尤其对那些年长的猫咪来说。大多数猫咪受到鼓励后会愿意使用猫门，可是，如果有东西吓到它们，它们就会立刻停止使用。特别是如果有一个愿意为它们开门的私人助理，它们就更不会用猫门了。

### 泰比（Tabby）科技

自动猫门由猫的微芯片或射频识别(RFID)项圈标签控制。有些允许你设置猫咪的不同出入时间，并且只允许特定猫咪入内，所以对多猫家庭或与当地其他猫分享户外活动时间很有帮助。有些自动猫门甚至可以通过Wi-Fi跟踪猫咪的进出，并向你的智能手机发送警报。

## 我该做什么？

当下：

- 检查猫门能否正常使用
- 不要强行将猫咪推入猫门——这只会加剧猫咪的焦虑情绪。
- 站在猫门的另一边，用玩具或训练用的零食吸引它们使用。

长远来看：

- 猫咪出现疼痛迹象时，要让兽医检查（尤其是老年猫），并确保它们的微芯片正常工作。
- 用无味的生物洗涤剂清洁猫门，消除对手猫咪的脸颊、爪子或尿液痕迹，然后抹上自家猫咪的面部信息素，使猫门焕然一新（见第14—15页）。
- 换一个更大更好的猫门——170×175毫米——或给猫门配上坡道或台阶，让猫咪出入时更自如、更舒适。猫门的底部应与猫咪站立时腹部的高度齐平。
- 用花盆或灌木遮挡猫门的出入口，降低对手和捕食者给猫咪造成的不安全感。

> 一旦你让猫咪对猫门更感兴趣，就要坚定立场，引诱它们使用，否则你只能永远听从它们的差遣。

眼神交流——寻求
对它请求的认可

要求离开——
冲着敞开的
门喵喵叫

坐在门前，
暗示你
给它开门

高级观猫指南

# 猫咪的学习方式

生活是一场重要的学习体验。了解猫咪的学习方式能帮助我们改变它们的行为或为它们提供另一种发泄方式，从而减轻它们的压力，让它们保持快乐和健康。同时，也有助于我们将小猫塑造成全面发展的家庭成员（见第18—19页），以及教会老猫新的技巧。

### 活在当下

猫咪天生的好奇心、本能和感官会帮助它们判断正在发生的事情并记录下任何变化。作为正念专家，猫咪既不会反省过去，也不会计划未来。

### 通过联想学习

当猫咪遇到某个物体、某个人、某个动物或某种情况时，大脑会记录下所触发的情绪和结果，以供将来参考。假如再次遇到同样的状况，它们就能预测事件的结果——这使它们避免任何它们感知到的可能危及生命的事情，并接受能提高生存概率的事情。

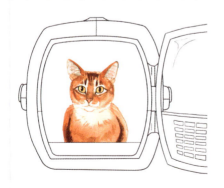

### 第一印象很重要

有时需要大量重复的经历，有时只需要一次（通常是糟糕的）经历就能给猫咪留下心理阴影。负面联想太常见了，尤其是看到猫笼就感到害怕。而另一方面，你在家门外停车的声音很可能是一种积极的联想，表明很快就会有饭吃了。

### 训练建立新关联

要循序渐进地引入新事物，并对小猫表现出好奇和放松的行为给予奖励，以此确保小猫在看到可能会带来压力的新事物时有良好的体验。我们还可以帮助成年猫建立积极的联想，将它们目前觉得不愉快的事情（如被刷牙）与美好的新体验结合起来。

### 正面强化

要是受到消极对待，猫咪的反应会很糟糕，很快就会把你和坏事联系起来。对你的存在感到恐惧和焦虑，既不能帮助猫咪进一步学习，让我们了解它们的行为动机，也不能让它们知道你希望它们做什么。即使只是冲着猫咪吼一声也算是惩罚。更有效的方法是奖励猫咪表现好的行为，忽略它们坏的行为。

### 训练猫咪的好处

训练猫咪不仅是可行的（因为许多技巧与训练狗狗甚至幼儿的技巧相同），而且充满趣味和回报：既能让猫咪的大脑受到刺激，也能让你们的共处时光变得丰富多彩。重要的是，还可以减轻猫咪的压力和改变不受欢迎的行为——这两者会破坏猫与人之间的联系。

# 我家猫咪四处乱抓

凡是你能想到的东西，我家猫咪都抓过：沙发、墙纸、楼梯地毯——除了猫抓柱。它们的爪子现在肯定够锋利了！

## 有何作用？

猫咪通过抓挠保持猫爪的锋利和肌肉的舒展，也能让其他猫咪看到抓痕、闻到气味，表明这是它常走的路线。

## 猫咪在想什么？

猫咪的抓挠行为完全出于自然的天性——这是一种重要的减压方式，小睡之后抓挠还能伸展身体。但问题往往在于它们选择抓挠的东西上。猫咪看不出地毯或墙纸有多昂贵，看到的只是有纹理的完美表面，吸引它们前去抓挠，并通过留下气味来重申自己的领地权（见第14—15页）。假如猫咪之间关系紧张，在冲突的热点地带，如楼梯、门廊、进出通道或睡觉和进食区域附近，抓挠行为会更加频繁。

### 释压

要找到所有让猫咪能量和情绪积压的原因，比如未满足的狩猎冲动或猫咪之间的冲突。通过引入日常活动以及刺激性的游戏和锻炼来激发猫咪的野性（见第46—47页和第182—183页）。人造信息素能让一些猫咪得到安抚，还能减少猫咪之间的焦虑和紧张氛围。

## 我该做什么？

• 不要大声责骂猫咪或冲着它扔垫子！猫咪需要抓挠——这是它的基本福利。

• 要从当下和当前的生活环境中，找出它们需要发泄情绪的潜在原因。

• 给猫咪提供的抓挠柱或垫子得是它们喜欢的质地（剑麻、藤条、纸板、地毯或木头）和角度（水平、垂直或斜坡）。确保猫抓柱或垫子足够坚固，并足以让猫咪完全伸展（至少90厘米）。在你选定的位置放一个猫抓柱或垫子，在猫咪喜欢的区域多放几个。

• 用合成信息素和猫薄荷重新引导猫咪去抓挠新的柱子或垫子。

• 通过堵住通道或在家具上贴双面胶来阻止猫咪"不受欢迎的"抓挠行为。

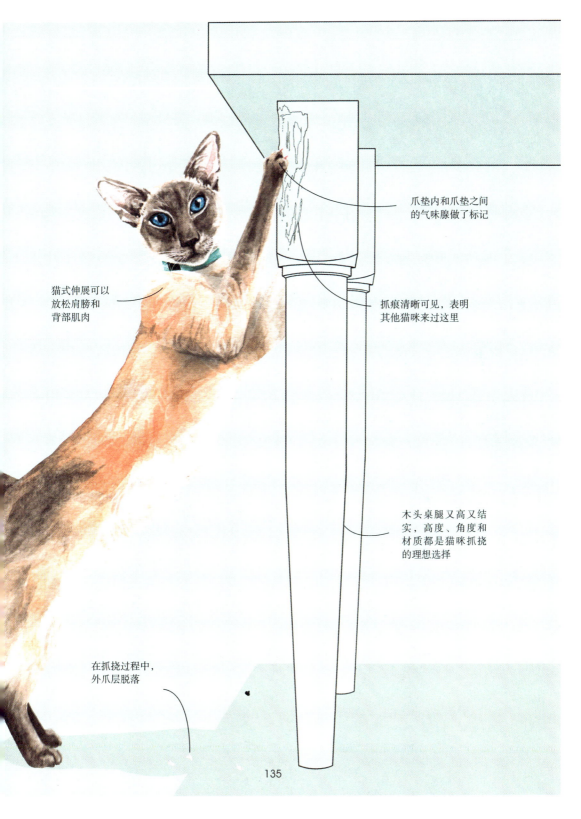

猫式伸展可以
放松肩膀和
背部肌肉

爪垫内和爪垫之间
的气味腺做了标记

抓痕清晰可见，表明
其他猫咪来过这里

木头桌腿又高又结
实，高度、角度和
材质都是猫咪抓挠
的理想选择

在抓挠过程中，
外爪层脱落

# 我家猫咪是桌台冲浪高手

猫咪在厨房操作台上走动，仿佛是在巡视自己的领地。我用水枪驱赶过它们，然而，一旦我不在旁边监督，它们就又跳上台面。它们甚至已经知道怎样打开食物柜了！

## 猫咪在想什么？

小小的橱柜入侵者并非在清扫，而是在觅食。这是猫咪生存本能的一部分，总是在寻找下一顿食物的来源。在野外，觅食是猫咪生活的全部内容。

你家猫咪可能因为某种疾病或吃了某种药物而导致饥饿感增强，也可能只是单纯的饥肠辘辘（见第160—161页）。无论哪种情况，它们知道，邋遢的人类总会在厨房里留下免费零食。当然，你的小探险家也可能只是喜欢厨房操作台上的风景。

## 我该做什么？

当下：

### 猫爪小知识

你知道大多数猫咪都有偏爱用的爪子吗？雄性更倾向使用左爪，雌性更倾向使用右爪。波斯猫的左右爪都很灵巧，而超过80%的孟加拉猫喜欢用左爪。打开你家橱柜的小猫喜欢用哪只爪子？不妨给它们设置一些挑战，看看它们在玩耍、取食或跨越障碍时用哪只爪子。

- 扔掉喷水器吧，否则你家猫咪会认为你是坏人！它们会等到你外出后再故技重施，因为它们把不良后果与你联系在一起，而不是与自己的行为联系在一起。

长远来看：

- 了解猫咪的行为动机，以便重新进行引导（见第32—33页）。假如猫咪跳上操作台是为了寻求安全或为了看风景，那么可以在附近放置一个凳子或猫塔；假如吸引它们的是流动的自来水，那么放一台猫咪饮水器可能是解决之道。
- 清除厨房的食物残余，洗净碗碟。
- 让厨房操作台面变成猫咪不喜欢的地方。你可以在台面上铺一张塑料地垫，将粗糙扎手的一面朝上；放置一个感应式压缩空气喷雾器。这些威慑往往能奏效，即使你不在家，也能起到同样的效果。
- 假如猫咪的这种行为是无聊造成的，那就让猫爪忙碌起来，满足它内在的觅食欲望（见第138—139页）。

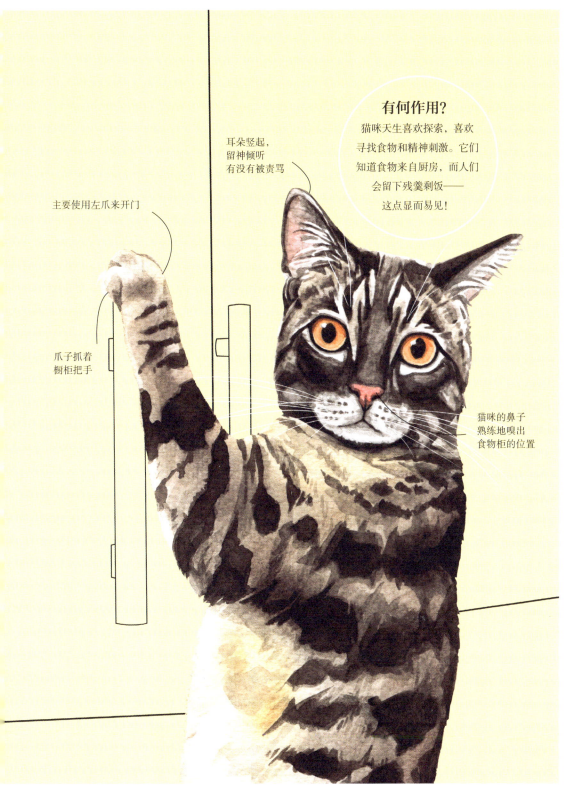

### 有何作用?

猫咪天生喜欢探索，喜欢寻找食物和精神刺激。它们知道食物来自厨房，而人们会留下残羹剩饭——这点显而易见!

耳朵竖起，留神倾听有没有被责骂

主要使用左爪来开门

爪子抓着橱柜把手

猫咪的鼻子熟练地嗅出食物柜的位置

生存指南

# 觅食的乐趣

让猫咪利用玩具和拼图觅食满足了它们内心的探索欲。这样做互动性强、充满趣味，而且挑战身心，对猫咪的健康和幸福很重要。

## 1

### 入门级拼图

猫咪饿了的时候，先试试拼图玩具。为了让新手轻松获胜，可以用食物将半个拼图填满，并在周围撒一些美味可口的零食。拼图开口的宽度要适当，从而降低难度。

## 2

### 湿粮和干粮

猫咪从硅胶舔垫或塑料迷宫中舔食湿的食物，可以模拟吃猎物时舌头和下巴的动作。而将干粮放在球类、旋转台、嗅闻垫和可填充的"老鼠"玩具中效果最好。

## 3

### 自制美食乐趣多

生活垃圾提供了无限的互动可能性。试着在空的塑料水瓶上割几个小孔来制作滚动零食分配器，或者把食物藏在空的卫生纸卷或酸奶罐里，给猫咪设计寻宝游戏。

## 4

### 有益健康

通过玩具和游戏获取食物是对猫咪解决问题、坚持不懈和锻炼身体的奖励——就像狩猎一样，能防止猫咪无聊，减少其压力和疾病。拼图游戏还可以减缓猫咪进食时吞咽的速度，降低肥胖和呕吐的风险（见第160—161页和第166—167页）。

## 5

### 老猫咪，新招数

拼图游戏丰富了不同年龄段、不同能力水平的猫咪的生活。但是，假如你家猫咪有任何健康隐患，应马上咨询兽医。因为，若重复的动作加重了疼痛，乐趣可能会变成挫折（见第146—147页）。对患有影响食欲或嗅觉的疾病（如流感或鼻癌）的猫咪而言，用拼图取食可能会很困难。

# 我家猫咪怎么了？

任何看似正常或令人担忧的行为
突然停止、开始或增加，都可能
是猫咪感到压力、疼痛、疾病或
以上三者的综合反应。要确保及时
发现猫咪这些常见的不适表现，
以便尽早就医处理。

# 我家猫咪在猫砂盆里徘徊

猫咪在猫砂盆里待了很久，刨了很多洞，可是出来时，猫砂盆里什么都没有。需要给它们服用猫咪泻药吗？

## 猫咪在想什么？

　　猫咪不会因为看手机或全神贯注地读一本好书而霸占猫砂盆。长时间待在猫砂盆里说明情况比较严重，急需你的帮助。便秘和腹泻得去看兽医，但泌尿系统出现问题无疑更紧急。膀胱疼痛会迅速发展成彻底的排尿堵塞，在这种情况下，猫咪会想"我无法尿尿！"——这是紧急事件。刺痛感和持续的尿意（排空膀胱）会让猫咪感到痛苦和焦虑，无论多少次刨洞或蹲下，都无济于事。几小时内，有毒的肾脏废物和盐分在血液中积聚，假如无法排出，最终会导致膀胱破裂。

由于疼痛和焦虑导致肾上腺素激增，瞳孔放大

耳朵朝后，因为无法排尿而郁闷

> "
>
> 如果猫咪要花很长时间才能排便，往往是因为在痛苦、焦虑或冲突中坚持了太久。
>
> "

## 泌尿系统问题

目前，我们对猫咪的膀胱炎症尚不完全了解，但这种病与人类间质性膀胱炎有很多相似之处。膀胱保护膜和大脑-膀胱神经-疼痛通路出现故障，加上焦虑，形成了"完美风暴"。中年、超重、雄性、生活在室内或与其他猫咪共处都是患上该病的风险因素。压力事件、生活规律和家居环境的突然改变也会产生影响。

波斯猫是膀胱炎和膀胱结石遗传风险较高的品种

蹲低，摆出平时的排尿姿势

## 我该做什么？

当下：

- 即使你不确定猫咪是否在尿尿，即使是在凌晨两点，也要紧急联系兽医。
- 检查一下猫砂盆，看看里面有什么或者没有什么。猫咪是尿了很多，还是几乎没尿？尿液是粉色的，还是带血的？
- 如果猫咪在其他地方发生"事故"（尿尿），那就收集能找到的所有尿液样本——淋浴盘、水槽和浴缸塞孔处都是猫咪喜欢撒尿的地方。

长远来看：

- 优化猫砂盆管理（见第144—145页）——泌尿系统出现问题往往始于猫咪不愿意使用猫砂盆。
- 减少任何引发焦虑和紧张情绪的情况，并且尽量预先考虑到潜在的触发因素（见第144—145页）。
    - 尽量减少并逐步改变猫咪的栖居地和生活习惯，尤其是涉及到猫砂盆时。
        - 增加水分摄入——把干粮换成湿粮，并添加少量水。在不同地点提供除了水碗以外的多种饮水选择（见第36—37页）。

# 我家猫咪不用猫砂盆

我家猫咪用我的羽绒被代替了猫砂盆！我买了一些有香味的猫砂来掩盖猫砂盆那可怕的味道——它们这是在用撒尿抗议吗？

## 猫咪在想什么？

请放心，猫咪没有恶意，也不是要报复你——它们不会有这样的念头。如果兽医检查时没有发现任何疼痛或疾病，这种行为可能是焦虑或糟糕的猫砂盆体验所致。假如它们的领地或安全受到了威胁，即使是最"乖巧"的猫咪，也会毫不犹豫地在家里恣意而为——变化是一个主要的触发因素。虽然你无法控制恶劣的天气或四处游荡的流浪猫，但你可以在家里营造让猫咪满意的猫砂盆体验。一旦猫咪养成了在羽绒被或地毯上尿尿的习惯，要阻止这一行为可比提前预防麻烦多了。

## 我该做什么？

当下：

- 不要冲着猫咪大喊大叫——猫咪最不需要的就是更多的压力了。
- 迅速清理现场，不要让猫咪养成习惯（见第120—121页）。

- 尽量确定猫咪的动机。你是否每天清理猫砂盆两次？天气是否异常寒冷或潮湿？猫咪的领地或边界——窗户、门、猫门、栅栏——是否有变化？去往猫砂盆的通道是否被紧闭的房门、嘈杂的洗衣机或其他猫咪堵住了？

长远来看：

- 评估猫砂盆的位置，如有必要，将其转移到更安静、更隐蔽的地方，让猫咪感到安全和放松。
- 为猫咪提供不同的猫砂盆——顶部敞开式和顶部封闭式——这样猫咪就可以选择自己喜欢的那一个。

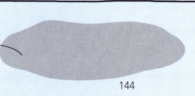

羽绒被上的尿渍清晰地表明，猫咪的世界并非一切安好

猫爪对质地很敏感——柔软的羽绒被比新的、粗糙的猫砂更有吸引力

## 有何作用？

使用和分享猫砂盆是猫咪后天的习得行为，并非出于本能。要是你不希望猫咪在猫砂盆外如厕，你就得设法让猫咪对猫砂盆始终感兴趣。

- 改变要循序渐进，先保留旧的猫砂盆，直到猫咪愉快地使用新盆。更多指南请见下文。
- 改善猫砂盆使用礼仪——每只猫咪一个猫砂盆，再加一个备用猫砂盆，放在不同的房间里。
- 使用信息素扩散器营造平静的氛围，特别是当你家猫咪曾在使用猫砂盆时受过惊吓或被同居一屋的猫咪伏击过。

警惕的表情，可能预料到自己要挨骂

出现尿频（以及猫砂盆脏得更快）往往是猫咪生病的征兆

### 猫砂盆法则

**应做：**

- 购买家里能容纳下的最大猫砂盆——宽度应该是从猫咪的鼻子到臀部长度的1.5倍
- 盆内装深度为10—12厘米的天然结团猫砂
- 把猫砂盆放在安静、隐蔽的地方——猫咪和我们一样，如厕时不喜欢有观众
- 每天至少清理两次
- 每周彻底清空和冲洗猫砂盆一次

**禁做：**

- 使用有香味的清洁产品、猫砂清新剂或有香味的猫砂
- 过度清洁空砂盆——微弱的气味会让猫咪感到熟悉和安心
- 购买塑料猫砂盆衬垫，它会绊住猫咪的爪子
- 听信营销噱头，比如给猫咪购买人用坐便器套件

## 高级观猫指南
# 疼痛的迹象

面对病痛，猫咪会采取"保持冷静，坚持下去"的方式（见第164
—165页）。作为伪装大师，它们改变自己的行为是为了避免被捕
食者和对手发现，但也因此加大了我们发现猫咪轻微或间歇性疼痛
迹象的难度，而这些迹象代表着猫咪需要赶紧让兽医检查。千万不
要忽略这些常见迹象。

### 行动方式改变

处于疼痛中的猫咪往往会调整行动方式，以便坚持日常活动，
减少不适。它们可能会改成走路或跛行，而不是奔跑，也会避
开高处。跳跃时，会显得犹豫笨拙，需要平台过渡。玩具、楼
梯、猫门和猫砂盆可能让它们望而却步。起身或趴下的动作较
先前迟缓或僵硬；身体蜷缩，情绪紧张；睡姿也与平时不同。

### 退缩

当猫咪感到疼痛、不适或焦虑时，会躲到一个让你看不
见的安静的地方，远离人群和其他宠物。这是因为猫
咪想休息一下，避免遭到进一步伤害，并进行自
我修复，然后继续生存下去。但这并非明智的长
久之计，特别是在有兽医和药物能够提供治疗
的情况下，不要让猫咪退缩到一边自生自灭。

### 过度护理或疏于护理

猫咪的牙齿或关节疼痛时，进食、饮水、梳理毛发或磨爪都会让它们感到不适。和你打招呼时尾巴下垂，行为躲闪或身体沉重，没有起身寻求你的抚摸，这也是患病的迹象。你可能注意到猫咪会反复抓挠疼痛的部位，如肚子（膀胱炎）、发炎的关节、肿胀处或伤口——这就是为什么毛球也可能是疼痛的信号。

### 发声

在野外，不发出声响也许可以避免引起别人的注意，但如果你是一只需要人类帮助的宠物，沉默可不是明智之举。猫咪在感到不适时，不会喵喵叫、抱怨或咆哮，除非你抱它们或抚摸它们时直接按压到了疼痛部位。痛苦中的猫咪可能会呻吟、咕噜、呜咽，但大多数只会默默地忍受。

### 疼痛的表情

兽医可以通过猫咪的表情判断它们疼痛的程度。对于正处在创伤、手术或恢复期的猫咪来说，紧闭的眼睑以及耳朵位置和口鼻形状的细微变化，都表明它们需要更多的止痛处理。

# 我家猫咪太黏人

*它们似乎知道我什么时候出门，于是监督我的一举一动，如影随形。*

## 有何作用？

猫咪需要频繁地、持续地与你进行互动——这与它们需要个体空间和独处时间一样，对它们的幸福和缓解压力至关重要。

## 猫咪在想什么？

所有的宠物猫都需要人类的陪伴，所以，要是你长时间不在家，猫咪会感到不安或沮丧，这是正常反应。因为对猫咪而言，生活中有趣快乐的部分随着你的离开突然消失了。你知道自己还会回来，可是猫咪不知道。一些非常喜欢和人类打交道的品种，比如缅甸猫，在你离开家后会变得特别抑郁。因为你在家工作时，它们习惯了每天蜷缩在你的脚边，这样才会感到安心。一旦这样的日常发生变化，它们被单独留下，就会感到不安和无聊。

"

猫咪是一种习惯性的动物，现代生活的不可预测性会让它们感到失控。紧紧黏着你，就可以避免错过你再次离开的线索。

"

## 我该做什么？

当下：

- 不要一起床或回到家就抚摸猫咪或给它们喂食，否则你不在家时，它们的感觉会更强烈。
- 到家后给猫咪玩迷宫游戏让它们分心，这样你就可以去做家务了。
- 排除猫咪患病的可能性，因为疾病或压力也可能是它们黏人的原因。

长远来看：

- 腾出时间陪猫咪玩游戏和放松，最好在喂食之前；每个周末都要有这类活动。
- 训练猫咪在你不在的时候也能自娱自乐（见第182—183页）。
- 在猫咪喜欢去的房间布置一个安乐窝，在阳光充足的地方、暖气片上方或加热垫上摆放一张舒适的床。你外出时，窗边放一个喂鸟器，播放在线猫咪电视或特别的猫咪音乐，这样应该能让它们开心起来。

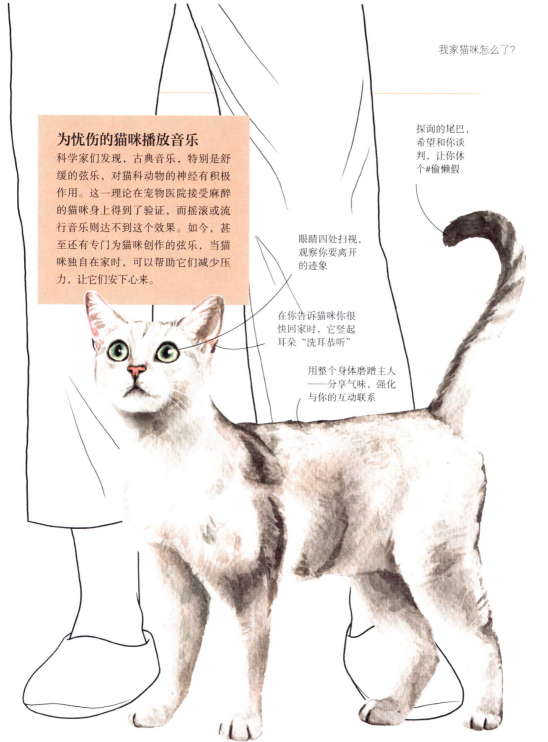

**为忧伤的猫咪播放音乐**

科学家们发现，古典音乐，特别是舒缓的弦乐，对猫科动物的神经有积极作用。这一理论在宠物医院接受麻醉的猫咪身上得到了验证，而摇滚或流行音乐则达不到这个效果。如今，甚至还有专门为猫咪创作的弦乐，当猫咪独自在家时，可以帮助它们减少压力，让它们安下心来。

探询的尾巴，希望和你谈判，让你休个#偷懒假

眼睛四处扫视，观察你要离开的迹象

在你告诉猫咪你很快回家时，它竖起耳朵"洗耳恭听"

用整个身体磨蹭主人——分享气味，强化与你的互动联系

149

# 我家猫咪讨厌看兽医

猫咪在去宠物医院的路上"又哭又闹"。随后被拖出宠物箱检查身体时，却表现得十分配合。不过，在之后的好几天里，猫咪都会生闷气，不理我。

## 有何作用？

人类有时表现得像"捕食者"，会将猫咪的思维模式从捕猎者转变为猎物。任何追逐和捕捉的行为都会激发猫咪的求生欲。

## 猫咪在想什么？

大多数猫咪讨厌去宠物诊所，原因显而易见：突然被抓进笼子，从安全、熟悉的家园被带到氛围恐怖的兽医诊所。这对猫咪来说简直就是一场噩梦——先是让它们情绪激动的汽车之旅，随后是来自同样紧张的猫狗"捕食者"的奇怪景象、声音和气味的感官刺激。接着还有"邪恶博士"对它们进行各种戳捅检查。疼痛达到极限时，它们的情绪会完全失控，不仅焦虑恐惧，还会抑郁愤怒。无论哪个环节，对它们来说都极具挑战性。

## 我该做什么？

当下：

• 不要追逐或把猫咪逼到角落里，这会增加压力，激活"猎物模式"。要隐蔽些，尽量让它措手不及。

• 保持冷静，语气柔和地安抚猫咪。

• 路上播放舒缓的古典音乐（见第148—149页）。

• 路途中和等待时，可以在宠物箱上铺一条毛巾，让猫咪看不到令它焦虑的景象。毛巾也可以作为检查期间的安全毯，既保暖又有熟悉的气味。这也决定了猫咪能否应付自如。

长远来看：

• 提前准备——把猫咪放在一个房间里，这样你就知道它在哪里，提前准备好箱子，留出充足的时间。

• 找一位性格温和的兽医，不会增加猫咪的压力（见第152—153页）。

• 购买一个上半部分可拆卸的塑料宠物箱，盖上箱子后可以用手指抚摸猫咪的脸颊或下巴，让它感到安心。

• 帮助猫咪建立起对箱子的良好印象，比如，在箱子里放些玩具和美食，把它变成一个舒适的猫窝。

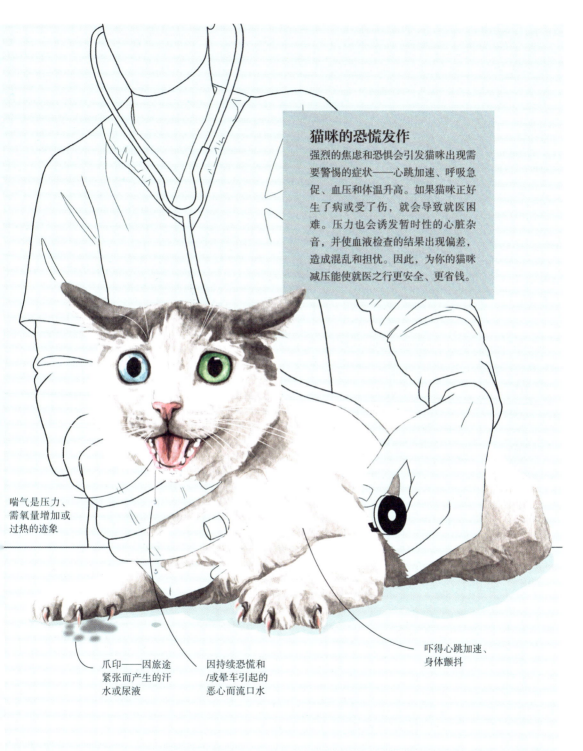

强烈的焦虑和恐惧会引发猫咪出现需要警惕的症状——心跳加速、呼吸急促、血压和体温升高。如果猫咪正好生了病或受了伤，就会导致就医困难。压力也会诱发暂时性的心脏杂音，并使血液检查的结果出现偏差，造成混乱和担忧。因此，为你的猫咪减压能使就医之行更安全、更省钱。

喘气是压力、需氧量增加或过热的迹象

爪印——因旅途紧张而产生的汗水或尿液

因持续恐慌和/或晕车引起的恶心而流口水

吓得心跳加速、身体颤抖

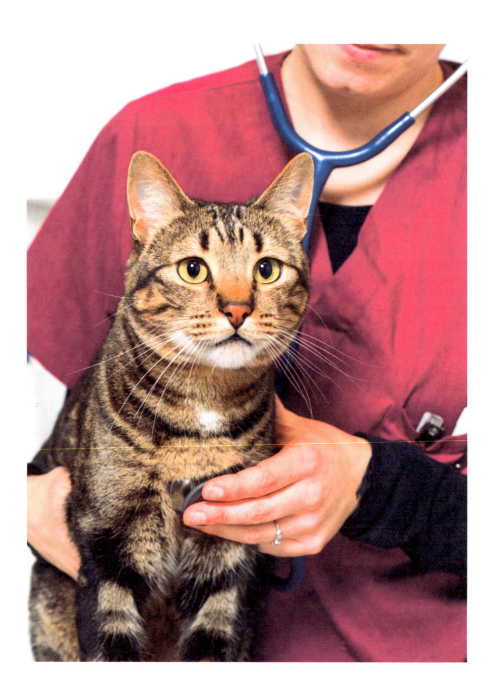

生存指南
# 选对兽医

兽医是猫咪生活中最重要的人之一，所以一定要找到你信任的兽医，他会倾尽全力，像对待自家猫咪一样关照你的爱猫，并关注猫咪健康的方方面面。

## 1
### 有"爱心"的兽医
你要找到这样一位兽医：他愿意花时间倾听你的担忧，将你的猫咪视为你所珍爱的独特个体。宁愿选择走远路去寻找那位以自然方式对待猫咪的兽医，也不随意找离你最近的兽医。专为猫咪提供上门服务的兽医是降低猫咪压力的最优选。

## 2
### 专业技能
寻找一位经过国际猫科医学协会（ISFM）或美国猫科医师协会（AAFP）认证的"爱猫兽医"（见第190页），这样的兽医会不断完善自己的知识和技能，喜欢在无狗区工作。他们更有可能让猫咪以最小的压力解决健康问题，也更有可能认识到猫咪身心健康之间的联系。

## 3
### 良好氛围
要确保整个医生团队积极主动、团结协作，就医环境稳定、安静、卫生。预约参观诊所并提出问题——大多数优秀的兽医会自豪地向你介绍他们的工作方法。

## 4
### 相信你的直觉
猫咪在有压力、不舒服或受伤时会发怒。兽医的正确反应是给予理解和关心。抓住猫咪的后颈或给它们贴上"地狱之猫"的标签，都是该兽医已经落伍的标志。

## 5
### 声誉和评价
一定要查看兽医诊所的网站、社交媒体和网上的评论。与朋友、家人和邻居交谈，或者在社区论坛上请网友推荐一位当地给猫咪看病的好兽医。

# 我家猫咪讨厌它最好的伙伴

我的两只猫是同窝的，它们从未打过架，直到最近才开始动手。它们的第一次争吵发生在其中一只猫咪从兽医那里回来之后——疾病会影响它们的关系吗？

## 猫咪在想什么？

微妙的面部表情、怒视的目光、在门附近或楼梯上战略性地伸展四肢，都可能躲过我们对猫咪之间发生冲突的"雷达"监控，但是，即使是最好的朋友，有时也会起争执。当猫咪因疼痛或疾病而感到脆弱，开始表现出不同的举动时，紧张气氛会加剧。

闻到彼此熟悉的气味对猫咪来说十分重要。一定不要忽视由疾病或药物引起的呼吸和尿液变化，兽医的"古龙水"可能会触发不好的记忆。同样，猫咪离家期间，它在群体里的气味和领地标记会逐渐消失，而待在家里的其他猫咪会觊觎或占据它们喜欢的位置。

### 是永远的好朋友吗？

猫咪之间相互舔舐和磨蹭通常是一种友好的举动，可以巩固联系并产生群体气味（见第76—77页）。其他氛围良好的表现还有扬起尾巴、互蹭鼻子、愉快地打招呼，以及一起玩耍或打盹。但是，不要把共居一屋、共享资源的猫咪之间没有争吵这件事与它们是最好的朋友混为一谈。

## 我该做什么？

当下：

- 不要随意撮合它们，也不要任由它们"自己解决"。你要迅速采取行动，努力找出分歧的根源。

- 不要奖励或惊吓它们，而要分散它们的注意力，如：摇晃零食罐，但不要喂它们；拿一个垫子隔开它们，避免眼神对视和身体接触。

- 将它们分开24—48小时，让每只猫咪都有自己的资源，对伤口和/或昏睡的情况给予密切关注。让它们作为"新宠物"慢慢地重新认识（见第112—113页），并观察48小时。

长远来看：

- 请注意，当一只猫咪暂时离开家后，其他猫咪之间的关系会重新进行调整。

- 预防争端发生比处理争端后果要更贴心，也更容易。预测可能触发争端的因素，比如看过兽医之后，如上文所述，把猫咪分开，让它们通过理毛去除陌生气味。

- 猫咪只有在空间和资源充足的情况下才能形成社会群体。通过提供充足的空

间和大量的资源，培养猫咪之间的友好
关系（见第46—47页和156—157页）。
• 共享气味标记和插入式信息素扩散器
可以让猫咪安心并抵消动态变化造成
的影响（见第14—15页）。

### 有何作用？

猫咪之间的"友谊"变幻
莫测——友谊不是猫咪生存的
必需品，而且猫咪不喜欢分享，
所以，它们还没有进化出
调解任何分歧的能力。

头部下倾，直视
对方，颇具威慑力

伸直脖子的直立
姿势，看起来更
高、更具威胁性

耳朵朝后，表明这次
相遇让猫咪感到担忧
和沮丧

下巴和颈部紧贴
身体，预测到脸
部会挨巴掌

## 生存指南

# 多只猫咪和睦共处

有些猫咪喜欢独来独往，而有些猫咪似乎更喜欢有个伙伴。要想建立一个友好的团队不是件容易的事，所以，你得先检查一下你的猫咪是否真的希望有其他伙伴。

### 1
### 猫咪之爱

多只猫咪和睦相处不仅是指没有肢体冲突，还要有友好的问候，如见面时尾巴直立、互碰鼻子、互蹭脸颊和身体。此外，一起玩耍、依偎或互相梳理毛发都是氛围和谐的表现。

### 2
### 地盘之争

用声音或身体发出威胁，以及进行攻击是猫咪之间发生冲突的明显迹象，但如果你从来没看到过猫咪之间有任何积极互动，这也不是好事情。要注意猫咪无声的威胁行为，比如瞪着对方、故意阻止另一只猫咪自由行动或获取资源。

### 3
### 活动空间充足

生活是一场竞争，有限的空间和资源会增加猫咪之间发生冲突的概率。在猫咪的栖居地上（见第46—47页），每新增一只猫咪，就需要付出更多的精力来维持它们之间的和谐。所以，要为每只猫咪提供单独的、分开的资源，在此基础上额外备一份，确保资源充足。

### 4
### 为好的建议付费

让猫咪自己解决问题会导致灾难。请兽医检查猫咪有无疼痛或疾病，提供诊疗意见，并推荐一位优秀的猫咪行为学家（见第190页）。细节决定成败，所以值得一试。

### 5
### 猫咪的应激反应

有时，猫咪出现状况的迹象不太明显，比如受惊后的一些表现（见第122—123页）、不愿与其他猫咪共处一室、生病（见第164—165页）、四处乱抓或撒尿、猫砂盆出现问题等。

# 我家猫咪很挑食

猫咪今天还很喜欢吃的食物，第二天就不喜欢吃了。我只买最好的猫粮，可猫咪为何还如此挑剔？

## 猫咪在想什么？

用餐体验远不只是食物本身。想象一下，在一家嘈杂忙碌的餐馆里，邻桌的食客总是盯着你看，还不时从你的盘子里夹走一些食物。没有什么比这更能破坏气氛的了！对与其他宠物一起生活的猫咪而言，这当然也会成为焦虑的来源（见第110—111页）。我们继续拿餐馆打比方，有的人只有面对熟悉的事物才会觉得舒适，于是经常订同一张餐桌，每次都选择相同的菜品；而有的人则总是热衷于尝试新菜品。我们都有自己的食物偏好和舒适区，猫咪也不例外。

### 苦药丸

研究表明，猫咪的味蕾能感知氨基酸（蛋白质的基本组成单位）、苦味和咸味，但无法感知甜味。猫咪极易受到影响，一次糟糕的体验就会让它们再也不想吃同样的食物，所以不应将苦药丸和药剂藏在食物里。咨询兽医如何用美味的糊状物和油灰来伪装药物。

## 我该做什么？

- 即使猫咪只有轻微的食欲变化，也要排除它们任何身体不适的可能——遭遇疼痛、恶心、疾病或压力时，猫咪的最初表现都和"挑食"相似，所以要及时找兽医检查。

- 要让猫咪少食多餐——它们的胃口很小，所以看到它们吃几口后就不吃了也不用大惊小怪。少食多餐还可以避免食物变质、招惹苍蝇。使用动作感应或微芯片激活的密封猫碗。

- 不要强迫猫咪吃不合胃口的食物。这只是个人口味问题，有些猫咪在幼崽时期就害怕吃新的食物（见第18—19页），而有些猫咪则渴望吃各种食物，也许这是实现营养平衡、避免毒素或寄生虫堆积的一种方式。

- 在盘子边放一些新食物，将其与猫咪熟悉的食物混在一起，可以让猫咪不那么抵触。

- 不要给猫咪吃冰箱冷藏的食物，"猎物温度"（37°C）为最佳。

- 要考虑进食环境和心理压力对猫咪的影响（见第128—129页和第166—167页）。

> 生病或感到恶心可能会让
> 猫咪对某些食物产生负面联想，
> 导致今后拒绝食用。

## 有何作用？

仔细检查食物的气味、味道和质地，确保食物安全。这并非猫咪"小题大做"，而是一种自我保护的行为，避免摄入有病或有毒的猎物。

眼睛哀怨地看着你，催促你拿出好吃的东西

在决定是否品尝食物之前，先用鼻子检测食物的新鲜度

猫咪不喜欢大份食物，最好少食多餐

一些猫咪不喜欢进食时面前放两个碗，它们喜欢在远离进食的地方喝水

# 我家猫咪长胖了

兽医警告我，说我家猫咪超重了，有患早期关节炎和糖尿病的风险。我一度认为它不过是"骨架大"而已，但是我在想是否应该对此问题予以重视。

## 猫咪在想什么？

身材肥胖、体形较大的猫咪品种通常会有更多的健康问题，寿命也会比较短。当猫科动物的正常活动，如跳跃、梳理毛发或玩耍，对身体构成挑战时，它们会觉得很挫败。

你可能认为，今天的宠物猫过得很轻松，可以吃到我们提供的丰盛可口的现成食物。然而，由于我们不鼓励它们主要的"工作"和运动方式，50%的猫咪都超重了，而且并没有因此更快乐。

猫咪是机会主义进食者，通常吃下的食物比身体需要的更多；焦虑、孤独或无聊的猫咪可能会"安慰性进食"或暴饮暴食（见第166—167页），此外，人类通过分享食物和美味的点心表达对猫咪的喜爱，这使情况变得更严重。

### 你家猫咪体形如何？

猫咪的平均理想体重在3.5千克到4.5千克之间。兽医会采用"体况评分"（BCS）体系，将猫咪侧面的体形与肋骨和脊柱上脂肪覆盖情况结合起来进行评分。

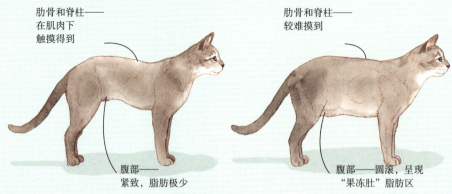

肋骨和脊柱——在肌肉下触摸得到

肋骨和脊柱——较难摸到

腹部——紧致，脂肪极少

腹部——圆滚，呈现"果冻肚"脂肪区

"野猫"的理想体形——"体况评分"为3/5

超重体形——"体况评分"为4/5（比理想体重高出10%）

## 我该做什么？

- 在更换或减少猫粮之前，先征求兽医的建议。一些处方粮对某些疾病更有效果；对患有脂肪肝的猫咪来说，热量摄入减少过快可能会危及生命。
- 坚持给猫咪提供全面、均衡、富含水分和蛋白质的食物，再加入几茶匙水。
- 限制干粮摄入，干粮热量高，易造成缺水，一般肉或鱼的含量也低。
- 计算食物的摄入量，以生产商提供的喂食指南中的较低摄入量为宜。
- 将全天的食物分多顿投喂，不能提供"无限量的自助餐"。

- 零食和小吃不应超过猫咪每日卡路里摄入量的10%。
- 鼓励猫咪自主觅食，不仅可以消耗热量，减缓进食速度，还能丰富它们的生活（见第138—139页）。
- 让猫咪玩游戏可以消除无聊和压力——这是导致猫咪不活动和肥胖的原因，而且玩游戏还能让燃烧卡路里的过程变得有趣（见第182—183页）。

## 有何作用？

没有肥胖的野猫——因为狩猎会燃烧卡路里。肥猫不是自己把自己喂胖的；我们有责任调整它们的食物摄入量和活动，以预防它们生病。

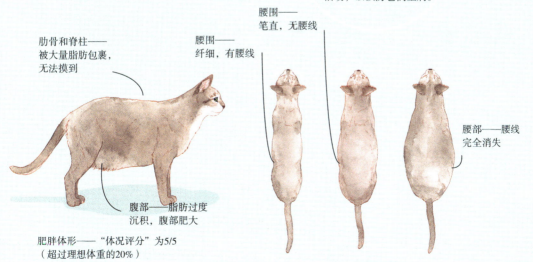

肋骨和脊柱——被大量脂肪包裹，无法摸到

腰围——纤细，有腰线

腰围——笔直，无腰线

腰部——腰线完全消失

腹部——脂肪过度沉积，腹部肥大

肥胖体形——"体况评分"为5/5（超过理想体重的20%）

# 我家猫咪有"外遇"

我家猫咪很晚才回家，身上还有香水味。我给了它一切金钱可以买到的东西，为什么我还是被甩了？#猫咪让我心碎

## 有何作用？

猫咪更喜欢选择和掌控自己的领地：有可靠的食物、新鲜的水源，没有威胁，可以自由社交（如果愿意），还要有自己的空间。

## 猫咪在想什么？

假如猫咪疏远了你，可能是它遇到了比你年长的人。许多年轻人忙于工作和社交，往往没有多少可支配和可预测的时间花在家里的猫咪身上。可是，对猫咪来说，和人交往与满足其他本能的需求——如保护领地或狩猎——一样重要。猫咪冒险到更远的地方，最初可能是出于好奇心，但之后如果继续去那里，显然另有原因，也许是因为香水的主人会对它倾诉爱意，抚摸得它通体舒畅，还会喂给它新鲜的鲑鱼？

### 回归本源

猫咪需要生活规律，有控制权、选择权和自由，以及可以表现自然行为的空间。你是否满足了它们的基本需求？如果你提供的东西不符合它们的期望，或者它们需要你的时候你不在身边，你能责怪它们另觅新欢吗？

## 我该做什么？

在请猫咪私家侦探出手调查前，以下做法可供参考：

- 教会猫咪回家，但你必须把家里收拾得很舒适，让它们觉得居家不外出也不错（见第10—11页和第46—47页）。
- 反省一下你是不是太过时尚？现代极简的室内装饰可能会让猫咪缺乏栖居或躲藏的地方，如果是多猫家庭，这一点就尤其重要（见第156—157页）。
- 问题在你，而不在猫咪。猫咪"外遇"的真正原因是什么？是它们得到了什么？还是在逃避什么？（见第32—33页）
- 如果你爱一个人，就要给他自由。要是你的猫咪在其他地方待得更开心，可以考虑与别人分时共养。主动走近邻居，友好地聊会儿天。告诉邻居，你家猫咪很受宠，不过它喜欢四处停留。

> 要在猫咪的项圈上写下'我在进行特殊饮食'以及你的电话号码,这样可能会阻止'第三者'给猫咪喂食,即使你说的'特殊'只是指你用爱心特别定制。

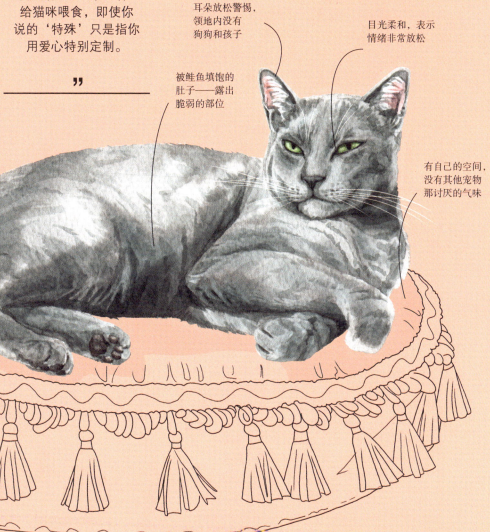

耳朵放松警惕,领地内没有狗狗和孩子

目光柔和,表示情绪非常放松

被鲑鱼填饱的肚子——露出脆弱的部位

有自己的空间,没有其他宠物那讨厌的气味

163

高级观猫指南
# 生病的征兆

长期的恐惧、焦虑、沮丧或痛苦会使猫咪身心疲惫。如果猫咪和不喜欢的动物共处，或者你和它们的栖居地没有满足其需求，它们更有可能变得痛苦和不适。如果能及时发现与压力相关的早期迹象，就可以在问题恶化前寻求帮助。

### 免疫系统缺陷

压力激素会抑制猫咪的免疫系统，增加感染、癌症、过敏，以及患上肠道、尿道和皮肤炎症的风险。这些疾病的症状各不相同，但大多数会导致猫咪挑食、体重下降和体力变差，同时身体感染还会引起发烧。

### 尿道问题

如果猫咪的压力过大，大脑会向膀胱发送信号，加剧炎症和疼痛，进而可能导致膀胱炎。猫咪情绪焦虑时喜欢躲起来，避免去喝水或大小便，由此造成的尿液滞留、脱水会刺激和拉伸膀胱。炎症、晶体、结石和血液会使尿液流出受阻，造成痛苦和致命的后果（见第142—143页）。

**胃肠问题**

长期的压力会增加胃酸分泌，损害肠道内壁，这会干扰正常的肠道血液流动和蠕动，如肠易激综合征，并破坏肠道菌群的平衡。肠胃内壁因此变得更加脆弱，更容易引起发炎和溃疡。你可能会看到猫咪有呕吐或间歇性腹泻等症状，某些食物会让情况变得更糟，并可能导致猫咪体重下降。肠道疼痛和恶心也会降低猫咪的食欲。

**皮肤状况**

有些压力大的猫咪会不断地舔舐和抓挠皮肤，这是一种神经紧张习惯。还有的猫咪对食物、花粉、尘螨等过敏，这是免疫系统长期处于紧张状态所致。任何引起剧烈且持续瘙痒的疾病本身就会让猫咪饱受折磨。这个问题很复杂，但要警惕皮肤病变——疥癣、结痂、水泡、脓疱或溃疡。

**重要提示：** 选择一位能把猫咪当作一个整体来对待的兽医，他们知道缓解猫咪的不适症状不仅需要开具处方药，还需要改善猫咪的栖居地和心理健康状况（见第152—153页）。

165

# 我家猫咪吃得快，吐得快

猫咪吃得非常快，几乎是把食物吸进去的，几分钟后又全部吐出来，通常吐在地毯上。有时甚至会把吐出来的食物再吃进去——太恶心了！

## 猫咪在想什么？

如果最近猫咪狼吞虎咽的现象反复出现，虽然很容易联想到"贪婪的猴子"，但这通常是焦虑性快速进食的表现。狼吞虎咽可能是猫咪幼时养成的习惯，也可能是陷入困境、忍饥挨饿时养成的习惯。有时是因为吃饭时猫咪之间的紧张关系，或者是对它们生活的世界（你的家）感到焦虑。喂食时间不固定或喂食次数太少都会让猫咪感到沮丧和饥饿，因此，一旦它们得到食物，就会狼吞虎咽。甚至食物还没到胃里，就被吐了出来，再看一看、闻一闻——味道不错，还可以吃。

## 我该做什么？

当下：

• 在清理猫咪吐出来的食物之前，检查一下颜色、质地，看看有没有不该出现的东西，如毛发、塑料或绳子。记下猫咪最后一次进食的时间，以及进食前后发生的事情。这可以帮助兽医作出判断，呕吐是由于压力性狼吞虎咽还是因为患有潜在疾病。虽然听起来很恶心，但还是要给兽医看看你拍下的东西，这对诊断大有帮助。

• 要给猫咪投喂更多的食物，但是一次只能喂一汤匙，每次喂食间隔一小时。如果细嚼慢咽后还会发生同样的事，可能是因为猫咪肠梗阻，要赶紧打电话咨询兽医。

长远来看：

• 去兽医那里检查一下——吞咽太快可能是因为疼痛（通常是口腔或颈部）或某些疾病。跟兽医讨论改变饮食是否会有帮助。

• 使用拼图喂食器减缓猫咪的进食速度（见第138—139页）。通过少食多餐来调节它们的饥饿感和沮丧情绪。

• 减少猫咪进食时的焦虑（见第158—159页）。把食物碗和水碗放在远离猫砂盆的地方——猫砂盆的气味自然会让猫咪没有胃口。有些猫咪觉得在高于地面的位置进食更安全。

• 防患于未然——压力会导致猫咪消化系统疾病和呕吐，如果不尽早解决，就会形成恶性循环。

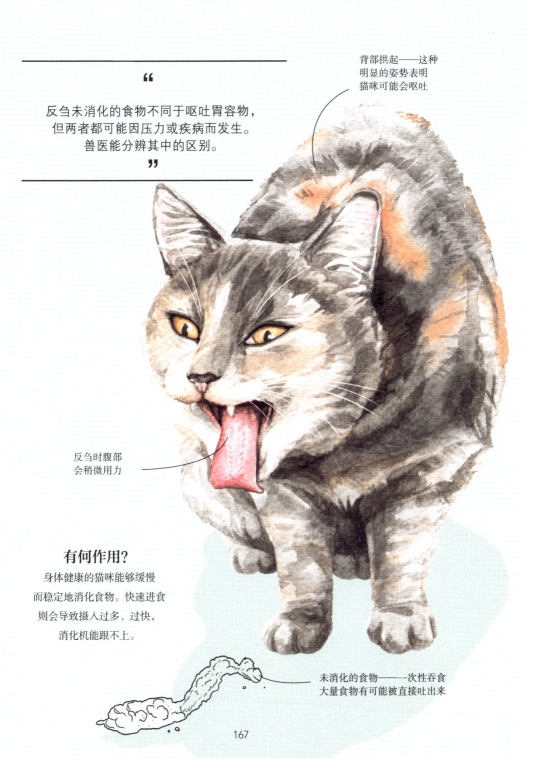

> "
> 反刍未消化的食物不同于呕吐胃容物，但两者都可能因压力或疾病而发生。兽医能分辨其中的区别。
> "

背部拱起——这种明显的姿势表明猫咪可能会呕吐

反刍时腹部会稍微用力

## 有何作用？
身体健康的猫咪能够缓慢而稳定地消化食物。快速进食则会导致摄入过多、过快，消化机能跟不上。

未消化的食物——一次性吞食大量食物有可能被直接吐出来

# 我家猫咪的待客之道让人捉摸不定

当有喜欢猫咪的朋友来我家玩时，猫咪表现得敏感易怒，爱理不理，可却会围着对它不感兴趣的水管工转来转去。这是怎么回事呢？

## 猫咪在想什么？

你不可能总有好心情招待客人，猫咪同样如此。访客们各不相同——猫咪不仅能看到每个人的特征，还能闻到、听到和感觉到。

一个人即使不说话，身体传递出的信息也会对他的亲和力产生重要影响。那些与猫咪没有关系的人不会沾染上其他猫咪的气味，也不会想与你的猫咪接触或进行眼神交流，这会让猫咪感觉更放松，并引发它们天生的好奇心。归根结底，谁能获得"爱猫人士"的头衔是猫咪的特权。

## 我该做什么？

当下：

- 告知客人不要理会你的猫。给猫咪时间，让它自己决定。
- 在来客的口袋里放些猫咪最爱吃的食物，以激起它的兴趣。
- 要监督猫咪与客人的互动——假如猫咪不喜欢受到关注，或者出现了"暴躁"的迹象（见第102—103页），应立即停止他们之间的互动，分散猫咪的注意力，以免客人受伤。

- 要确保猫咪有一个方便的出入通道。给予猫咪这样的选择权和控制权可以避免它发怒。
- 在家里其他地方放一个拼图喂食器，让猫咪忙碌起来，这样就可以在看不到或闻不到客人的情况下适应客人的声音。
- 对你的猫咪来说，访客有奇怪的味道，所以，让客人进门后用你常用的肥皂洗洗手，并把他们的包和鞋放好。

尾巴焦躁地
扭动和拍打

## 访客与猫咪的相处规则

**1. 等待被邀**
傻瓜才会直接冲向猫咪——永远要让它主动接近你。
**2. 善解人意**
尊重猫咪的需求，不要强其所难。
**3. 读懂信号**
猫咪的叫声和微妙的肢体语言要么是希望得到更多关注，要么是想要更多空间，所以应注意观察。
**4. 见好就收**
所有良好的关系都需要时间，因此进行简短互动即可，不要过早期待太多。

## 有何作用？

作为有领地意识的捕食动物，猫咪会对"不速之客"保持警惕，尤其是对那些身上散发着其他猫咪气味的爱猫人士，它们会本能地避开。

亮出珍珠般洁白的牙齿——客人没有注意到猫咪的其他警告

皮肤抖动和抽搐——不请自来的抚摸太刺激了

生存指南

# 好好梳理

快乐、健康的猫咪会把自己的毛发梳理得无可挑剔。如果猫毛低于正常水平，太浓密或太长，又或者掉毛比平时多，也许需要我们帮助它们防止毛发打结成团。

## 1

### 自组梳毛套装

只能使用猫刷、软头刷、钉耙梳或硅胶刷，因为这些都是温和而有效的毛发保养工具。用手指轻轻将猫咪的毛结解开，不要用剪刀，很容易伤到皮肤。梳完毛发后，用湿手将猫咪的全身抚扫一遍，除去浮毛，防止出现毛球。

## 2

### 轻柔操作

首先训练你的猫咪在平静和放松时享受每天的按摩和抚摸。然后通过零食奖励，让猫咪建立与梳毛工具的积极关联。应将毛发分成小段处理，避免拉扯。短暂而积极的训练是最好的——不要挑战猫咪的耐心。

## 3

### 毛发检测

不良的皮毛状况可能预示着猫咪有焦虑、肥胖、营养不良或其他潜在的健康问题，而打结的毛发肯定会让猫咪很不舒服。如果猫咪在你给它梳理毛发时显得"脾气暴躁"，很可能是因为它感到恐惧、不适、疼痛或综合了以上所有情况。预约兽医进行检查，并说明可能需要清理打结成块的毛发。

## 4

### 修剪趾甲

定期修剪趾甲可能对室内猫或老年猫有好处，请兽医教你修剪猫趾甲的方法。利用积极的联想，鼓励猫咪让你经常检查它的爪子，看是否有趾甲损伤、变厚或过度生长的状况。最后才会用到趾甲钳，但要注意，猫咪有关节炎或过度生长的趾甲时，修理过程会让它非常痛苦。

# 我家猫咪有洁癖

我知道猫咪生病时不会自我清洁，可是我家猫咪恰恰相反。
是不是有什么问题？还是说它太讲究了？

### 猫咪在想什么？

自我清洁是猫咪保持干净的正常行为，通常会占用猫咪一半的清醒时间。它们总是细致地清洁，以致我们往往不会注意到外部寄生虫，比如跳蚤，直到它们被这些小动物折磨或用舌头过度舔舐伤到了皮肤。

猫咪可能会因为皮肤瘙痒（如过敏）、神经官能异常和疼痛而过度梳理毛发。有些猫咪出现皮肤损伤纯粹是因为压力过大，然后会更频繁地舔舐损伤部位。过度清洁也可能源于沮丧或是对冲突和焦虑的自我安慰反应，是猫科动物强迫症的一种表现。这个问题很复杂，需要咨询兽医。

### 我该做什么？

当下：

- 观察猫咪的肢体语言——只是正常的餐后清洁，还是对疼痛或苦闷的反应？猫咪是否变得烦躁不安，频繁使用猫砂盆？是否与其他猫咪发生了冲突？

- 注意舔毛的区域——过度舔舐舌头难舔到的位置，往往是因为疼痛或疾病。过度舔肚皮或私密处要引起重视——公猫患膀胱炎会危及生命。

## 功能多样的舌头

猫咪带刺的舌头有很多功能：啃食猎物，剔除猎物骨头上的肉，吃完后舔毛清洁；舌头粗糙的表面可以清理伤口碎片，驱除寄生虫，缓解瘙痒，梳理毛发；分泌的唾液具有治疗作用，还能给皮肤降温。猫咪的舌头可被视为一种天然的伤口清洁剂，但得在治疗、感染和损害之间保持平衡。谢天谢地，好在有抗生素！

倒钩顺着舌头舔
的方向梳理皮毛

长远来看：
- 要让猫咪的生活保持平静而有规律。
  及时处理任何压力反应，例如生活方
  式或环境的变化，以及与其他猫咪的
  冲突（见第156—157页）。

### 有何作用？

过度梳理可能是猫咪解决
特定问题的方式，不管问题是源
自压力、冲突、疼痛还是疾病，
你都需要找到它。

寻找腹泻时残留
在毛发上的污物

下腹部——过度
舔舐该部位，是
患有膀胱炎的信号

# 我家猫咪瘙痒难耐

当猫咪持续发痒时，会抓挠和啃咬，甚至还会咬自己的尾巴根部，有时会扯出毛发。它们看起来还不错——可能只是因为跳蚤。

### 有何作用？

野猫驱除身上的寄生虫（主要是因为瘙痒）的方法是：用门牙啃咬、后爪抓挠或找个粗糙的表面磨蹭身体。

耳朵微微扁平，显得焦躁不安——表示"我好痒啊!"

某些猫咪品种的皮毛与其他猫咪不一样，如德文卷毛猫和无毛猫，容易出现皮肤问题

有杀伤力的爪子容易抓伤自己

容易解开的猫咪项圈为跳蚤提供了理想的藏身之处

在猫咪最喜欢睡觉的地方留下的跳蚤粪便

## 猫咪在想什么?

抓挠有助于止痒，但也可能发生在意想不到的情况下，比如争斗。在争斗时，猫咪可能会抓挠、啃咬或舔舐自己的身体，而不是赶走对手或逃跑。这种烦躁不安的表现与小猫啃咬趾甲的作用一样，可能会分散对冲突的注意力，或者转移冲突，减少紧张气氛。

如果你注意到猫咪不是偶尔抓挠，而是很频繁地抓挠，那说明可能存在持续的冲突、压力或疾病——包括跳蚤之类的寄生虫。如果你的猫咪情绪紧张或行踪神秘（或者你很忙），就可能发现不了它的抓挠行为，而只是注意到稀疏的小斑块，有时还有结痂或新的伤口。啃咬浮毛也会增加呕吐毛球的风险。无论哪种情况，都需要马上联系兽医。

### 驱蚤

驱蚤没有立竿见影的方法，所以在进行跳蚤治疗之前，务必征求兽医的意见。一旦使用了错误的产品或没有采取其他更简单的措施，你的治疗将是徒劳的。但如果只是等待情况发生变化，可能会错失找到猫咪抓挠行为的其他潜在原因，并且猫爪可能会造成一些严重伤害。

## 我该做什么?

当下:

- 观察猫咪的肢体语言，尤其是耳朵（见第12—13页）。看看猫咪有没有不安、激动或不适的表现。
- 是因为跳蚤吗?室内猫仍然会从人、其他宠物、啮齿动物或进入家中的物品中感染跳蚤，而中央供暖系统则会使跳蚤一年四季繁殖。除了让猫咪瘙痒难耐外，跳蚤还会引发贫血和疾病。你得做一下跳蚤测试:把猫咪最喜欢睡觉的地方的碎屑撒在一张厕纸上，再加几滴水。如果它变成红棕色，那就是被消化的猫血——跳蚤的首选食物。

长远来看:

- 赶紧找兽医检查，特别是当猫咪的皮肤或毛发看起来有异常，抑或抓挠行为持续存在时。引发瘙痒的其他原因还有过敏、寄生虫、耳朵和皮肤感染、疾病或药物的副作用等。
- 如果猫咪不去户外活动，就要给它们修剪趾甲。在其他治疗方法发挥作用的同时，修剪趾甲能在短期内减少损伤。跟兽医预约一次"宠物美甲"，或者如果你知道怎么做，那就自己做。
- 正确驱虫，保证时效（见左图）。不要给猫咪使用狗狗驱蚤产品，因为可能会危及猫咪的生命。

# 我家猫咪讨厌被人抱

我以前的那只猫咪喜欢像毛茸茸的婴儿一样被我抱着，但现在的猫咪讨厌我抱它。平时它的身体很柔软，但只要被我抱起来，就会变得像木板一样僵硬，恨不得把我撕成碎片，赶紧逃脱。

## 猫咪在想什么？

猫咪狂乱的表现说明它很恐惧和沮丧，因为你充满爱意的拥抱无疑把它带出了舒适区。要是它能开口说话，可能会说："马上放我下来！"

从猫咪的角度看，你突然对它施加了物理控制，这使它无法逃离任何可能出现的，让它感到不安、害怕或痛苦的状况。这相当于给猫咪戴上了镣铐。假如你的猫咪在小时候没有被抱过（见第18—19页），它现在的反应可能是出于对未知的恐惧，也可能是回想起了早些时候的糟糕经历或上次看兽医的经历。

### 失控

猫咪体形娇小，容易受到来自上方的捕食者的攻击，如大型犬或猛禽，所以被抬离地面本身就会被它视为一种威胁。猫咪只想控制住场面，然后赶紧逃离——这得四只猫爪牢牢地落在地上才行。

## 我该做什么？

当下：
- 如果抱猫咪会让它感到不安，那就不要抱了！让它独处吧。

长远来看：
- 如果这是猫咪最近出现的反应，那要赶紧排除疾病或疼痛的可能性——身体不舒服、最近受过伤、持续的背痛或牙痛都会让猫咪情绪暴躁。要找兽医检查。
- 评估猫咪世界的质量（见第46—47、第138—139和第182—183页）。它们是否因为潜在的挫折或焦虑而情绪紧张？
- 你要作出决定，面对猫咪被抱起时的不安，你是尊重它并放开它，还是致力于训练它允许——甚至享受——被你抱起的感觉。学会自如地对待猫咪，减少它在宠物医院看病、修剪趾甲、旅行以及吃药时的压力。
- 想想所有喂食以外的方式，用猫咪能接受的方式表达你的爱意。专注于这些，而不是用强迫的拥抱来满足你的需求。

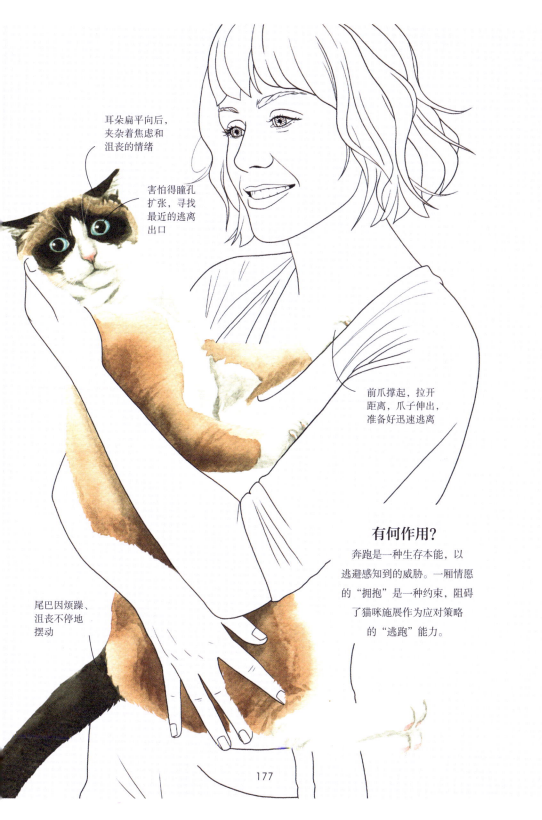

耳朵扁平向后，
夹杂着焦虑和
沮丧的情绪

害怕得瞳孔
扩张，寻找
最近的逃离
出口

前爪撑起，拉开
距离，爪子伸出，
准备好迅速逃离

尾巴因烦躁、
沮丧不停地
摆动

## 有何作用？

奔跑是一种生存本能，以
逃避感知到的威胁。一厢情愿
的"拥抱"是一种约束，阻碍
了猫咪施展作为应对策略
的"逃跑"能力。

## 高级观猫指南
# 冠猫以恶名

人们通常给猫咪贴的标签承载了许多内涵，影响着我们对它们的看法，让我们看不到其行为背后的深层原因。猫咪不是毛茸茸的婴儿或小狗；在"时尚"的毛皮外套下面，它们的内心依然野性十足——所以，唯一应该给它们贴上的标签就是"猫本尊"！

### 出于"怨恨"的行为

熟悉的气味和景象会让猫咪感到安心，而当变化发生，尤其是它们的核心领地内有所变化时，它们就会变得焦虑不安。猫咪违抗你，不是因为你把它们最喜欢的地毯扯走，换上了新沙发，而是因为这些变化让它们感到不安和困惑，加上平时睡觉的地方还出现了奇怪的味道。随着家中让猫咪感到舒适的气息消失，它们就会采取极端行为（见第14—15页）。

### "讨厌的恶霸"

猫咪有领地意识，但并不让人讨厌。它们的野猫祖先过着独居生活。宠物猫仍然会在交流时保持距离，并将其他猫咪视为威胁或对手。对它们来说，与其他不认识的猫咪亲密地生活，是完全违背其本性的。不过，有些性情随和的猫咪可以与其他猫咪共处，但设置了很高的标准。

### 就诊时的"淘气"行为

对兽医发脾气并非表示猫咪"淘气""糟糕"或"邪恶"。它感到害怕、困惑，而且有可能正处于痛苦之中。试想一下，如果有人突然把你从睡梦中叫醒，抓进笼子里，放在满是捕食者的房间里，然后一个挥舞着针头的陌生人把你拖到滑溜溜的操作台上，那么，你也会尽全力抗争的吧！

### 宠物猫很"残忍"

事实上，猫咪是感到困惑，而不是残忍。所有的猫咪都是捕食性食肉动物，它们必须捕杀活的猎物才能生存。它们也是机会主义捕食者，所以，杀戮的欲望与饥饿无关。宠物猫有野猫的猎杀本能，但捕到猎物后却不知道该如何处理。与其说渴望捕杀，不如说这与充足的食物供应和刺激不足的家庭环境有关。

### 猫咪性情"高冷"

从生理上讲，猫咪不能像人或狗那样用面部表情来表达自己。但这并非意味着它们生性多疑或精于算计，也不是缺乏感情或个性，这只是物种进化和身体结构的问题——在进化到可以远距离交流后，面部表情就没什么用了。猫咪用其他方式传达情绪状态（见第12—17页），但对有些人来说，给猫咪贴上"不友好"的标签比试图理解它们要容易得多。

# 我家老猫在夜里哭叫

猫咪的叫声吓得我从床上跳了起来,可是,
我却看到它一脸茫然地坐在那里。它已经
神志不清了吗?

眼神呆滞,
瞳孔扩大,
表明有必要
进行眼睛检查

## 猫咪在想什么?

实话说,老年期对身体和大脑都不
友好,如睡眠/唤醒周期和记忆力等功
能都会退化,这意味着会忘记某些习得
行为和日常习惯。猫咪赖以收集周围环
境信息的五种感官也开始衰退。这可能
是一个大问题,特别是到了夜晚,黑暗
会让猫咪更加混乱和迷失方向。再加上
患有会导致口渴、半夜想吃东西、频繁
上厕所的多种疾病,猫咪会感到不安和
焦虑也就不难理解了。它们是在发出求
救信号,千万不要忽视它。

哀号般的喵
喵叫是一种
求救的呼喊

## 有何作用?

在这种情况下,喵喵叫是
一种求助信号。你的猫咪感到
困惑或脆弱,可能需要医疗
护理。不管怎样,它都
需要你的帮助。

## 我该做什么？

当下：

- 确保猫咪没有处在紧急危险或严重不适状态。
- 检查一下猫咪是否有水、猫砂盆和暖和的休息场所。
- 保持冷静，不要做任何可能会加剧这种行为的事情（见第108—109页）。

长远来看：

想一想你可以通过哪些方式照顾猫咪日渐衰老的身体。试试以下方法：

- 让灯开着或使用插入式夜灯，这样黑暗就不会加深猫咪的混乱感。
- 增加猫砂盆、食物和饮水点，以及温暖舒适之地的数量，以防猫咪变得健忘。确保猫咪可以轻松到达这些地点，并在猫咪的床上铺上加热垫，以缓解年老及关节炎的肢体症状。
- 避免改变家里布局或生活日常，否则会让猫咪手足无措。很难教会老猫新技能，所以要尽可能保留它熟悉的东西，不要清除那些可被它识别的气味。

背部弓起可能是因为脊柱炎引起的疼痛

油腻打结的毛发——牙疼和关节炎让梳理毛发变得痛苦、困难

由于肌肉流失和体重减轻而变得瘦骨嶙峋的臀部

### 看兽医！

如果你家猫咪经常在深夜哀号，那么就需要接受兽医检查。猫科医学的进步意味着只要护理得当，猫咪就可以快乐地活到20岁。但是，如果你采取观望态度，兽医就无法及早发现猫咪的疾病，所以，请及时联系兽医。

生存指南
# 积极的游戏

*玩耍是猫咪发泄捕食欲望的一种方式。用玩具假装捕猎，既能给它们带来刺激，又不会造成血腥的后果，还能保持猫咪的身心健康，减少压力和无聊情绪。*

## 1

### 让"猎物"看起来真实

完美的玩具"猎物"在外观、触感、动作和声音上都像是真的一样。寻找能发出吱吱声或啾啾声的老鼠大小的毛绒或羽毛玩具。如果玩具能在猫咪的"攻击"过程中散架，那就更好了，你得在旁"监督"。

## 2

### 保持有趣

拍球和"兔子蹬"老鼠大小的玩具很有趣，但最好的游戏需要你的参与，比如"取物"和鱼竿玩具。要不时更换玩具，把玩具放在猫薄荷罐里来增加吸引力。

## 3

### 保证安全

猫咪玩起来会"发狂"，所以用棍棒玩具时要远离其牙齿和爪子。在无人看管的情况下，要把玩具安全存放起来，使用前先检查，确保玩具完好无损。

## 4

### 保持积极的态度

玩耍有助于猫咪保持健康和快乐，释放被压抑的能量和压力，增强自信心，减少"不良"行为，降低肥胖风险。猫咪去追逐"无法捕捉"的东西时，如激光、气泡、应用程序或电视上的模拟猎物，可能会有挫败感。所以，可以用玩具或零食来结束一些游戏，给猫咪一种"捕获到猎物"的满足感。

## 5

### 保持游戏的真实性

模仿猫咪的狩猎仪式，最好是在黄昏和黎明时进行，在半小时内玩几次，然后让它进食。模拟捕食顺序（见第70—71页），当你把玩具从"猎人"身边移开时，要不断变换玩具的运动状态：交替飞行、着陆、扭动和停下。要给猫咪提供隧道、纸袋和盒子，用于跟踪、制造沙沙声和躲藏。

# 我家猫咪想拱我

我知道狗狗喜欢拱来拱去，但我家绝育的猫咪也有这样的习惯——会对着家具、其他宠物，最糟糕的是，还会对着我蹭来蹭去！为什么我家小猫也这么喜欢亲昵呢？

## 猫咪在想什么？

无论是公猫还是母猫，即使做了绝育手术，仍然有唤起性欲的能力，但让它们兴奋的通常不是性潜能。蹭来蹭去的动作会触发大脑释放"拥抱"和"幸福"激素——催产素、血清素和多巴胺。内啡肽会给猫咪带来愉悦感和控制感。

蹭来蹭去的行为在压力大的猫咪身上更为常见，它们不能自由地遵循野猫的节奏和本能，或者缺乏合适的栖居地和正常的人类关爱。患有泌尿系统疾病的猫咪也会出现这种行为，所以要请兽医检查，排除患病的可能。

### 奇妙的生殖器

公猫在梳理生殖器部位时变得兴奋是完全正常的现象。未经绝育的公猫的生殖器上有倒钩，在交配时能锁定母猫（哎哟！）并刺激母猫排卵。这些倒钩在绝育后会消失。你知道吗，与人类不同，有些猫咪的生殖器里还长着一块骨头，真是神奇！

## 我该做什么？

当下：

- 不要反应过度——大喊大叫或跳来跳去会吓到猫咪，只会加剧猫咪这种缓解压力的行为。

- 猫咪在激情中挣扎时，不要试图驱赶它——如果你能挺过去（可以这么说），你会更安全，不会被爪子抓伤。

- 寻找线索——蹭来蹭去是出于挫折感还是焦虑感？是什么让它兴奋？是陌生的气味，还是它被剥夺了想要或需要的东西？或者与另一只宠物发生了冲突？

长远来看：

- 引导它们将能量转移——一旦发现猫咪有蹭来蹭去的迹象，就赶紧将它们的注意力转移到更容易让你接受的东西上，而不是你的身体，比如靠垫或毛绒玩具。

- 让猫咪忙于令其兴奋的魔杖玩具游戏，把性冲动变成捕猎冲动（见第182—183页）。

184

## 有何作用?

除了明显的性功能外,
蹭来蹭去还能缓解猫咪的焦虑
和紧张,因为这一动作能释放
激素,改善情绪,
缓解压力。

臀部跨坐在
母猫的身上
来回抽动

下巴紧扣"交配
对象",令它
无法动弹

耳朵略微向后平放,
表明情绪沮丧

后脚上下踩踏,
这是交配仪式
的一部分

185

# 索引

# 品种目录

# 资源

## 深入阅读

Cat Sense John Bradshaw
Feline Stress and Health (ISFM Guide) edited by
Sarah Ellis and Andy Sparkes
The Trainable Cat John Bradshaw and Sarah Ellis

## 网络资源

www.thecatvet.co.uk
The Cat Vet专家在线资源将为你提供#像猫咪一样思考#所需的技能和工具，让猫咪在舒适的家中也能保持身心健康。

www.icatcare.org
International Cat Care是一个由猫咪兽医领导的慈善机构，致力于猫咪的健康与福利。

www.aspca.org/pet-care/animal-poison-control
美国爱护动物协会下属的The Animal Poison Control Center可以针对常见的中毒情况提供建议和意见。

www.gccfcats.org
总部设在英国的Governing Council of the Cat Fancy为养猫者提供信息和建议，帮助人们根据自身情况和生活方式选择合适的猫。

www.tica.org
The International Cat Association是世界上最大的纯种宠物猫和幼猫血统注册机构。

## 帮助你纠正猫咪的行为

　　如果你想就爱猫的怪异行为寻求进一步的帮助，不要上网查询"谷歌医生"，而要咨询经过认证的爱猫兽医（见下文），排除猫咪患病的可能性。猫咪行为上的细微变化可能是疾病的早期征兆，因此及时诊断和治疗有助于让你的爱猫保持快乐和健康。你可能只需在家居、日常生活或心态方面做一些细微的调整#像猫咪一样思考（ThinkLikeACat），兽医也可以给你提供帮助。不要浪费时间去猜测猫咪的问题出在哪里——那是兽医的工作。无论猫咪出现了新的行为，还是改变或停止了固有的行为，你所能做的就是预约兽医检查。兽医是能够给猫咪提供必需的治疗、给你提供必要支持和资源的最佳选择——无论是改善猫咪居所的建议、让猫咪服药，还是推荐可信的猫咪保姆。有时，猫咪需要转诊到经过认证的猫科动物行为学家或咨询师那里进行治疗。尽管对猫科医疗领域的监管不足，但兽医还是会给你推荐他们所信赖的猫科专家。对于严重或复杂的病例，可能需要一位专业的行为兽医（类似于人类的精神科医生）；对于能直接解决的问题，可能需要一位猫科动物心理学家。

## 寻找获得认证的爱猫兽医

www.catfriendly.com/find-a-veterinarian
美国和加拿大：AAFP（American Association of Feline Practitioners）

www.catfriendlyclinic.org
世界其他地区：ISFM（International Society of Feline Medicine）

　　在互联网搜索引擎中输入一些关键词就可以有更多机会找到当地经过认证的爱猫兽医，如"猫咪兽医"和"你所在的地区"，再加上"上门服务"等短语。

## 寻找猫咪保姆

　　请兽医推荐——有些诊所的工作人员会做宠物保姆。要对候选人进行面试，留意他们是否了解和喜爱猫咪（见第90-91页）。

www.narpsuk.co.uk
英国：National Association of Pet Sitters and Dog Walkers

www.petsit.com/locate
美国和加拿大：寻找在Pet Sitters International注册认证的专业宠物保姆。

## 参考文献

第14页 利用气味进行交流
Vitale Shreve K R, Udell M A R. Stress, security, and scent: The influence of chemical signals on the social lives of domestic cats and implications for applied settings. *Appl Anim Behav Sci* 2017; 187: 69-76
https://doi.org/10.1016/j.applanim.2016.11.011

第16页 利用声音进行交流
McComb K, Taylor A M, Wilson C, Charlton B D. The cry embedded within the purr. *Curr Biol* 2009; 19 (13): 507-508. https://doi.org/10.1016/j.cub.2009.05.033

第40页 我家猫咪狂爱猫薄荷
Bol S, Caspers J, Buckingham L, et al. Responsiveness of cats (*Felidae*) to silver vine (*Actinidia polygama*), Tatarian honeysuckle (*Lonicera tatarica*), valerian (*Valeriana officinalis*) and catnip (*Nepeta cataria*). *BMC Vet Res* 2017; 13: 70.
https://doi.org/10.1186/s12917-017-0987-6

第42页 我家猫咪自视为牛
Franck A R, Farid A. Many species of the Carnivora consume grass and other fibrous plant tissues. *Belg J*

*Zool* 2020; 150: 1-70. https://doi.org/10.26496/bjz. 2020.73

第68页 我家猫咪冲着鸟儿喋喋不休
de Oliveira Calleia F, Rohe F, Gordo M. Hunting strategy of the margay (*Leopardus wiedii*) to attract the wild pied tamarin (*Saguinus bicolor*). *Neotropical Primates 2009*; 16 (1): 32-34.
https://doi.org/10.1896/044.016.0107

第74页 我家猫咪边 "踩奶" 边流口水
Matulka R A, Thompson L, Corley. Multi-Level Safety Studies of Anti Fel d 1 IgY Ingredient in Cat Food. *Front Vet Sci* 2020; 6: 477
https://doi.org/10.3389/fvets.2019.00477

第116页 我家猫咪有异食癖
Kinsman R, Casey R, Murray J. Owner-reported pica in domestic cats enrolled onto a birth cohort study. *Animals (Basel)* 2021; 11 (4): 1101.
https://doi.org/10.3390/ani11041101

第136页 我家猫咪是桌台冲浪高手
Wells D L, McDowell L J. Laterality as a tool for assessing breed differences in emotional reactivity in the domestic cat, *Felis silvestris catus. Animals (Basel)* 2019; 9 (9): 647.
https://doi.org/10.3390/ANI9090647

第148页 我家猫咪太黏人
Mira F, Costa A, Mendes E, *et al.* A pilot study exploring the effects of musical genres on the depth of general anaesthesia assessed by haemodynamic responses. *J Feline Med Surg* 2016; 18 (8): 673 - 678.
https://doi.org/10.1177%2F1098612X15588968

第150页 我家猫咪讨厌看兽医
Hampton A, Ford A, Cox R E, *et al.* Effects of music on behavior and physiological stress response of domestic cats in a veterinary clinic. *J Feline Med Surg* 2020; 22 (2):122 - 128.https://doi.org/10.1177/1098612X19828131

第184页 我家猫咪想拱我
Tobón R M, Altuzarra R, Espada Y, *et al.* CT characterisation of the feline os penis. *J Feline Med Surg* 2020 Aug; 22 (8): 673 - 677. https://doi. org/10.1177/1098612X19873195

# 致谢

## 作者致谢

　　本书的撰写得到了亲朋、同仁、客户以及出版机构工作人员的鼎力相助，是一部有温度的作品，我谨在此对他们致以衷心的感谢。

　　安迪，谢谢你对我的信任，感谢你的倾力相助，感谢你斟上的无数杯香茗。与我这个要应付两个孩子、三只猫咪，还要赶截稿日期的完美主义者生活在一起非常不易，感谢你的付出！感谢我的家人和公婆，感谢你们的爱和鼓励——尤其是我的父母，感谢你们以身作则，让我懂得了善良和努力工作的价值，以及永远不要放弃自己的梦想……任何工作只要做得还不够好，说明仍需继续努力！

　　感谢我最亲爱的朋友，同为猫咪兽医的瓦妮莎，感谢你和我一起走过这条鲜有人选择的兽医之路。尽管困难重重，我们还是成功做到了！感谢苏·比特森博士和其他所有兽医、护士和病理学实验室的极客，感谢你们相信年轻的乔是个坚定的人。你们的支持对我来说意义非凡。感谢你们在我十几岁的时候就给我机会，让我把周六的时间都花在研究猫咪的尿尿和便便上！

　　感谢所有优秀的客户，感谢你们邀请我到家中探访猫咪，分享猫咪的趣事，最重要的是，放心地委托我照顾你们毛茸茸的心爱的家庭成员。对此我永远心怀感激。

　　感谢出版商DK团队，尤其是罗娜、齐亚、凯伦、道恩、露易丝和玛丽安——你们是如此可爱的猫友，与你们合作非常轻松愉快。谢谢你们让我有幸通过印刷品来解读猫咪的思想。感谢马克，感谢你用如此美丽和惟妙惟肖的绘画让我潦草的简笔画变得栩栩如生。最后，要感谢我曾经拥有过以及现在正在拥有的美丽猫咪们，我欠你们的最多。你们给了我任何兽医学位都无法给予的东西——作为一个爱猫人士的第一手体验。正是因为有过这些体验，我才能真正理解多猫家庭的挑战，感受到治疗和照顾病猫的不易，以及亲身经历与猫咪最后一次道别的心痛。你们这些小小生命的起伏经历使我有机会将我的所学与许多猫友及其猫咪共同分享。亲爱的读者，我衷心希望，如果你能读到这本书，会认可我所写的内容。

## 出版商致谢

　　DK感谢玛丽·洛里默完成索引，感谢约翰·弗里德进行校对。

### 免责声明

　　《DK猫咪心思大揭秘》为读者介绍了猫咪健康和幸福方面的常识。

　　本书不能代替专业人士的建议。如果你家猫咪身心健康方面出现了任何具体问题，请随时咨询兽医。书中提及的任何机构或产品，并非表示得到认可，而没有提及的同类机构或产品，也并非表示不认可。出版商和作者对据称由本书中的任何信息或建议引起的任何损失或伤害概不负责。

# 关于作者

乔·刘易斯博士是一位屡获殊荣的英国兽医，拥有超过25年研究猫咪及治疗猫咪的经验，是美国猫科医师协会（AAFP）认证的爱猫兽医，也是国际猫科医学协会（ISFM）成员。

以一等荣誉学士从兽医学校毕业后，乔很快意识到猫咪及其饲主去看兽医时总是情绪紧张，于是她将致力于解决这一问题作为自己的事业。她创立了"猫咪兽医诊所（The Cat Vet）"以及英国首家专为猫咪提供上门服务的兽医诊所，可以让猫咪在舒适的家里得到富有同情心且无压力的兽医护理和专家建议。她的下一个项目"像猫一样思考（Think Like A Cat）"开发了在线课程和工作坊，教人们

如何让猫咪在身心方面感到快乐、保持健康。

在职业生涯中，乔曾在世界一流的牛津猫科诊所与其他猫咪兽医一起工作，并在伦敦繁忙的希思罗机场担任政府兽医检查员。她自称实验室极客，曾担任多年的临床病理顾问，为英国的兽医们提供从虎斑猫到老虎的各种建议。

乔热切关心所有动物的幸福，无论其体形大小。在澳大利亚生活期间，她自愿参与了海豚和蛇类保护项目。她亲手抚养流浪小猫，度过了许多不眠之夜。她从不休班，甚至在蜜月期间也积极参与协助当地慈善机构诱捕一只受伤严重、行踪不明的流浪猫。目前，乔

还是一只获得救助的暹罗猫、两只家猫，以及两个爱猫小孩的猫友助理。

有关乔个人和工作的更多信息请见网站 thecatvet.co.uk。

## 关于插画师

马克·舍伊布迈尔是一位擅长宠物肖像画的插画师，现居加拿大多伦多。他是一只救援犬的共同助养人，并为此倍感自豪。此外，他还养了许多只猫，是猫咪们的朋友。除了为DK出版社的几本图书绘制过插画外，马克还为Chapters Indigo、DK旅行和DobbernationLOVES做过编辑工作。马克的其他插图作品还有米尔顿镇的活动项目和马卡姆博物馆的展览设计等。请参阅网站markscheibmayr.com了解更多作品。

## 图片来源

The publisher would like to thank the following for their kind permission to reproduce their photographs: (Key: a-above; b-below/bottom; c-centre; f-far; l-left; r-right; t-top). Cover image: **Depositphotos Inc:** Photocreo 19 Dreamstime.com: Bogdan Sonyachny. 20 **Alamy Stock Photo:** Linda Kennedy. 46 **Shutterstock.com:** Anurak Pongpatimet. 62 **Dreamstime.com:** Nils Jacobi. 90 **Getty Images / iStock:** ablokhin. 96 **Dreamstime.com:** Famveldman. 112 **Getty Images / iStock:** chendongshan. 126 **Getty Images / iStock:** Valeriya. 138 **Dreamstime.com:** Insonnia. 152 **Dreamstime.com:** David Herraez. 156 **Dreamstime. com:** Fotosmile. 170 **Dreamstime.com:** Daria Kulkova. 182 **Shutterstock.com:** Dora Zett. 192 **Dr Jo Lewis** (tr) **Mark Scheibmayr** (clb)

**All other images © Dorling Kindersley. For further information see: www.dkimages.com**